电网企业安全生产系列口袋书

电力安全工器具检查使用卡

《电网企业安全生产系列口袋书》编写组　编

中国电力出版社
CHINA ELECTRIC POWER PRESS

图书在版编目（CIP）数据

电力安全工器具检查使用卡 / 《电网企业安全生产系列口袋书》编写组编 . —北京：中国电力出版社，2024.6 (2025.6重印)
(电网企业安全生产系列口袋书)
ISBN 978-7-5198-8883-1

Ⅰ . ①电… Ⅱ . ①电… Ⅲ . ①电力工业－安全设备－基本知识 Ⅳ . ① TM08

中国国家版本馆 CIP 数据核字（2024）第 089629 号

出版发行：中国电力出版社
地　　址：北京市东城区北京站西街 19 号（邮政编码 100005）
网　　址：http://www.cepp.sgcc.com.cn
责任编辑：周秋慧　鲍怡彤
责任校对：黄　蓓　马　宁
装帧设计：赵姗姗
责任印制：石　雷

印　　刷：北京九天鸿程印刷有限责任公司
版　　次：2024 年 6 月第一版
印　　次：2025 年 6 月北京第二次印刷
开　　本：880 毫米 ×1230 毫米　64 开本
印　　张：2.25
字　　数：64 千字
印　　数：2001—2500 册
定　　价：25.00 元

内容提要

安全工器具系指为防止触电、灼烫、高处坠落、中毒和窒息、火灾、淹溺、机械伤害等事故或职业危害，保障工作人员人身安全的个体防护装备、绝缘安全工器具、登高工器具、安全围栏（网）和标识牌等专用工具和器具。为了更好落实《国家电网有限公司电力安全工器具管理规定》，让现场作业人员正确检查和安全使用安全工器具，特编写本书。本书采用图视化的方式编写，图文并茂、一目了然，使文字变得直观、形象，既方便学习，又便于执行。

本书可以作为电力现场作业人员和安全管理人员的必备案头书，也可供新进员工学习培训使用。

前　言

电力生产的客观规律和电力在国民经济的特殊地位，决定了电力生产必须坚持“安全第一，预防为主，综合治理”的方针。电力生产具有生产环节多、现场带电设备多、交叉作业多的特点。为更好地帮助现场作业人员提高安全意识、学习安全生产知识、规范作业行为、掌握安全技能，特编写《电网企业安全生产系列口袋书》。

安全工器具的正确检查和安全使用是确保现场安全生产最基本、最基础的工作之一，依据《国家电网有限公司电力安全工器具管理规定》，结合现场安全工器具实物，特编写本书。本书主要包括安全帽的检查与使用、防护眼镜的检查与使用、安全带的检查与使用、安全绳的检查与使用、脚扣的检查与使用、梯子的检查与使用、辅助型绝缘手套的检查与使用、辅助型绝缘靴（鞋）的检查与使用、辅助型绝缘胶垫的检查与使用、个人保安线的检查与使用、携带型短路接地线的检查与使用、绝缘杆的检查与使用、电容型验电器的检查与使用等内容。本书通俗易懂，小开本设计携带方便，便于现场工作使用。本书由王晴、王暖、孙泽浩、李明宇、孙瑞红编写。

本书可以作为电力现场作业人员和安全管理人员的必备案头书，也可供新进员工学习培训使用。

编者

2024 年 6 月

目　录

前言

第一章　安全帽

第一节　安全帽检查卡 / 1
第二节　安全帽使用卡 / 5

第二章　防护眼镜

第一节　防护眼镜检查卡 / 11
第二节　防护眼镜使用卡 / 12

第三章　安全带

第一节　安全带检查卡 / 19
第二节　安全带使用卡 / 28

第四章　安全绳

第一节　安全绳检查卡 / 40
第二节　安全绳使用卡 / 45

第五章　脚扣

第一节　脚扣检查卡 / 48
第二节　脚扣使用卡 / 53

第六章　梯子

第一节　梯子检查卡 / 56

第二节　梯子使用卡 / 64

第七章　辅助型绝缘手套

第一节　辅助型绝缘手套检查卡 / 72
第二节　辅助型绝缘手套使用卡 / 74

第八章　辅助型绝缘靴（鞋）

第一节　辅助型绝缘靴（鞋）检查卡 / 77
第二节　辅助型绝缘靴（鞋）使用卡 / 79

第九章　辅助型绝缘胶垫

第一节　辅助型绝缘胶垫检查卡 / 83
第二节　辅助型绝缘胶垫使用卡 / 87

第十章　个人保安线

第一节　个人保安线检查卡 / 89
第二节　个人保安线使用卡 / 94

第十一章　携带型短路接地线

第一节　携带型短路接地线检查卡 / 101
第二节　携带型短路接地线使用卡 / 106

第十二章　绝缘杆

第一节　绝缘杆检查卡 / 113

第二节　绝缘杆使用卡 / 115

第十三章　电容型验电器

第一节　电容型验电器检查卡 / 120
第二节　电容型验电器使用卡 / 124

第一章

安全帽

第一节　安全帽检查卡

（1）检查安全帽永久标识和产品说明等是否清晰完整（见图 1–1）。

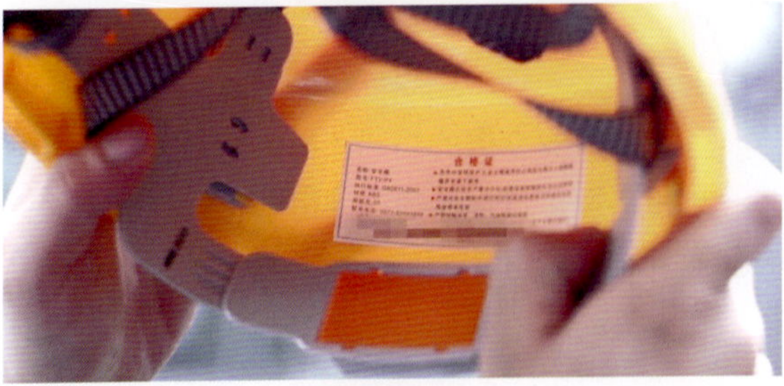

图 1–1

（2）检查安全帽的帽壳、帽顶是否完好无缺失（见图 1–2）。

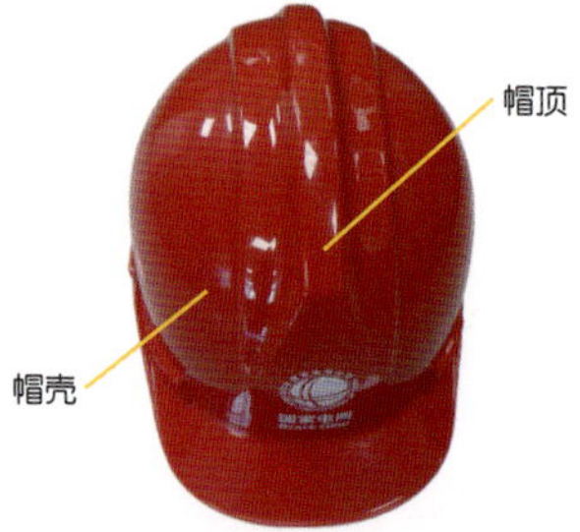

图 1–2

（3）检查安全帽的帽衬（帽箍、吸汗带、缓冲垫、衬带）帽箍扣、下颏带等组件是否完好无缺失（见图 1–3）。

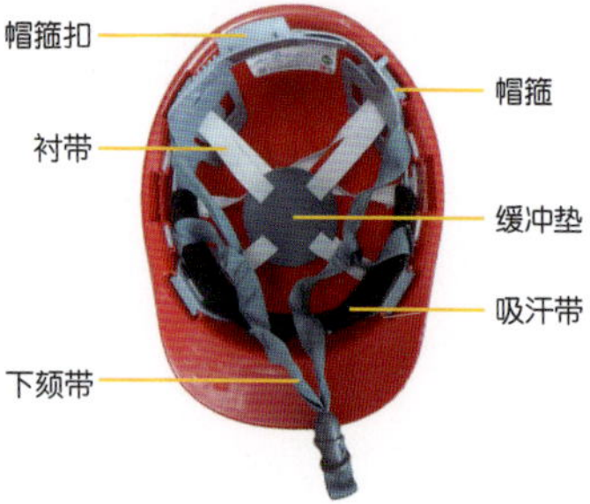

图 1–3

（4）检查安全帽帽壳内表面是否平整光滑，无划痕、裂缝和孔洞，无灼伤、冲击痕迹（见图 1–4）。

图 1–4

（5）检查安全帽帽壳外表面是否平整光滑，无划痕、裂缝和孔洞，无灼伤、冲击痕迹（见图 1–5）。

图 1–5

（6）检查安全帽的帽衬与帽壳是否连接牢固（见图1-6）。

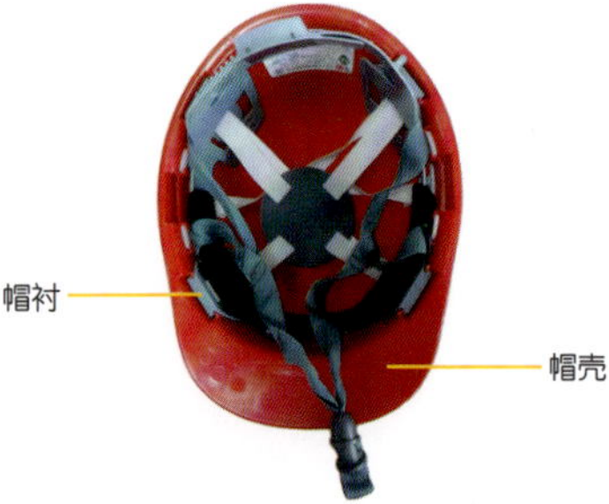

图1-6

（7）检查安全帽的后箍、锁紧卡等开闭调节是否灵活，卡位是否牢固（见图1-7）。

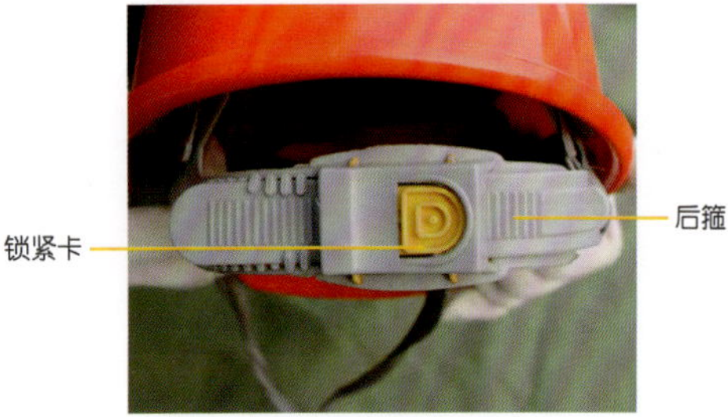

图1-7

（8）使用期从产品制造完成之日起计算，不得超过安全帽永久标识的强制报废期限（见图 1–8）。

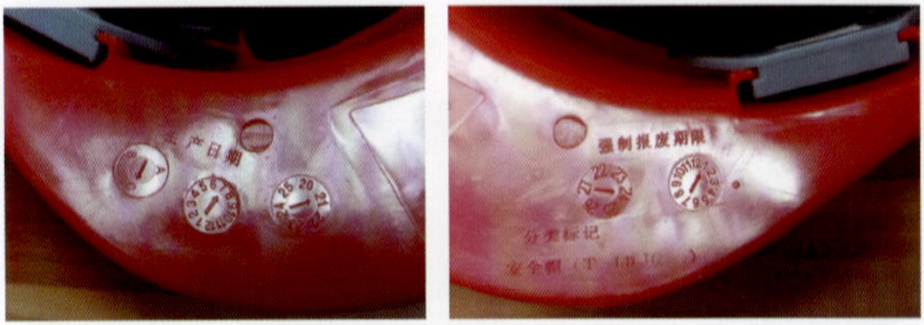

图 1–8

第二节　安全帽使用卡

（1）任何人员进入生产、施工现场，必须正确佩戴安全帽（见图 1–9）。

图 1–9

（2）针对不同的生产场所，根据安全帽产品说明选择适用的安全帽。白色安全帽为外来参观人员使用（见图 1-10）。

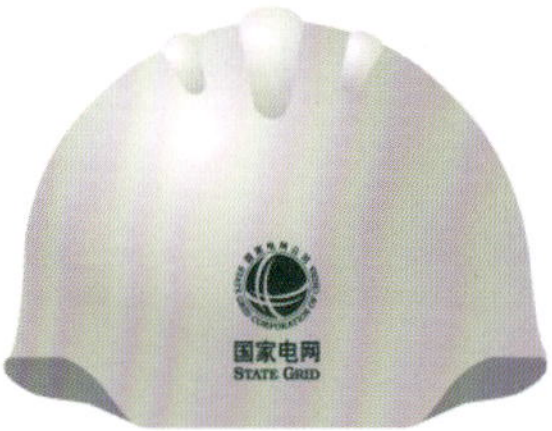

图 1-10

（3）针对不同的生产场所，根据安全帽产品说明选择适用的安全帽。蓝色安全帽为外来施工人员使用（见图 1-11）。

图 1-11

（4）针对不同的生产场所，根据安全帽产品说明选择适用的安全帽。红色安全帽为管理人员使用（见图 1–12）。

图 1–12

（5）针对不同的生产场所，根据安全帽产品说明选择适用的安全帽。黄色安全帽为运行、检修人员使用（见图 1–13）。

图 1–13

（6）安全帽前面为国家电网有限公司标志（见图 1-14）。

图 1-14

（7）安全帽后面为单位名称及编号（见图 1-15）。

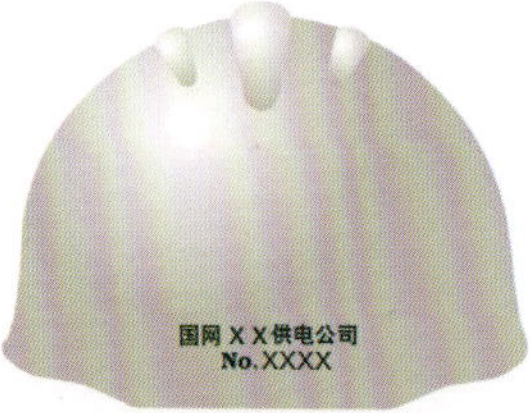

图 1-15

（8）安全帽戴好后，应将安全帽帽箍扣调整到合适的位置（见图 1–16）。

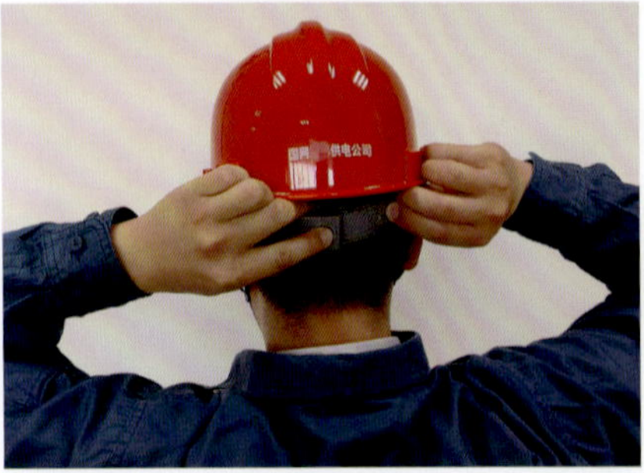

图 1–16

（9）安全帽戴好后，应锁紧下颏带，防止工作中因工作人员前倾、后仰等动作或其他原因造成滑落（见图 1–17）。

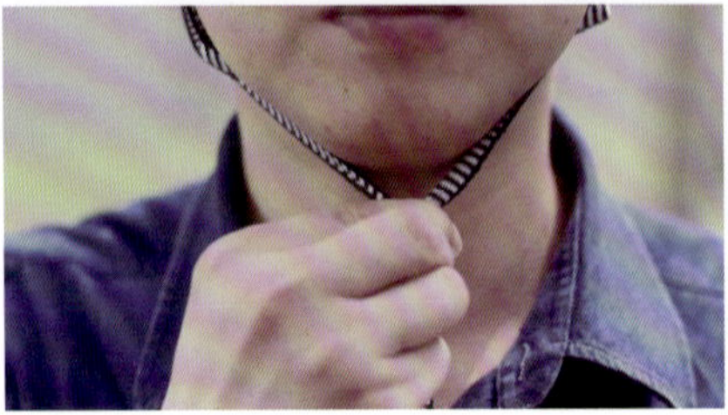

图 1–17

（10）受过一次强冲击或做过试验的安全帽不能继续使用，应予以报废（见图 1–18）。

图 1–18

（11）高压近电报警安全帽使用前应检查其音响部分是否良好，但不得作为无电的依据（见图 1–19）。

图 1–19

第二章

防护眼镜

第一节　防护眼镜检查卡

（1）防护眼镜的标识应清晰完整，并位于透镜表面不影响使用功能处（见图 2–1）。

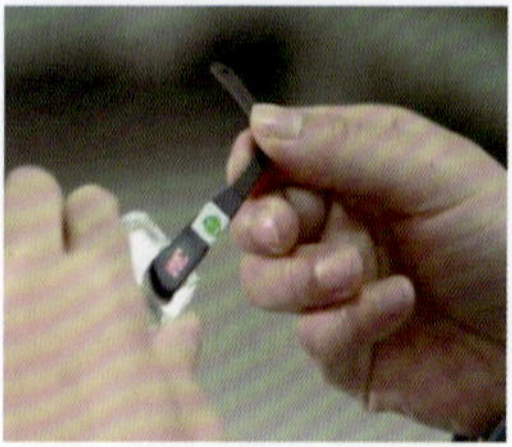

图 2–1

（2）防护眼镜表面光滑，无气泡、杂质，以免影响工作人员的视线（见图 2–2）。

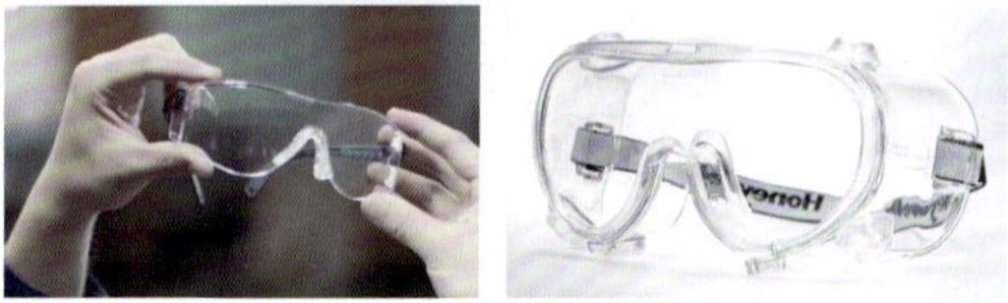

图 2–2

（3）镜架应平滑，不可使佩戴者擦伤或有压迫感（见图 2-3）。

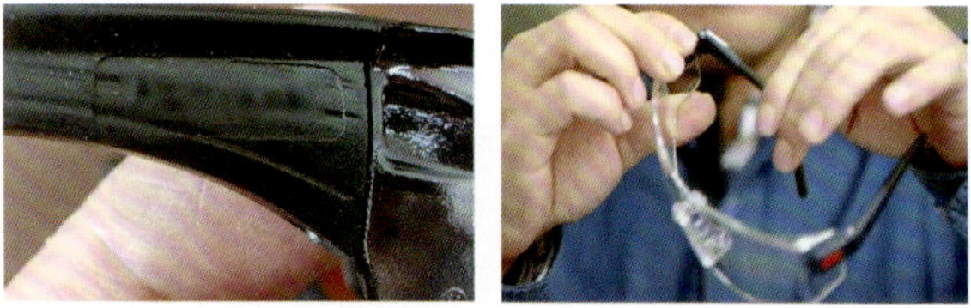

图 2-3

（4）镜片与镜架的衔接要牢固（见图 2-4）。

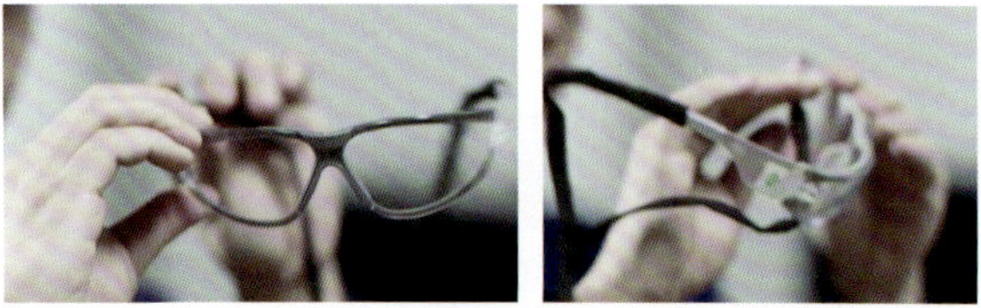

图 2-4

第二节　防护眼镜使用卡

（1）防护眼镜是在进行检修工作、维护电气设备时，保护工作人员不受电弧灼伤以及防止异物落入眼内的防护用具（见图 2-5）。

图 2-5

（2）选择正确的防护眼镜。要根据工作性质、工作场合选择相应的防护眼镜（见图 2-6）。

防冲击防护眼镜

防有害液体防护眼镜

防光辐射防护眼镜

防尘防护眼镜

图 2-6

（3）在装卸高压熔断器或进行气焊时，应戴防辐射防护眼镜（见图 2-7）。

图 2-7

（4）在室外阳光曝晒的地方工作时，应戴防光辐射防护眼镜（见图 2-8）。

图 2-8

（5）在进行车、铣、刨及用砂轮磨工件时，应戴防打击防护眼镜（见图 2-9）。

图 2-9

（6）在向蓄电池内注入电解液时，应戴防有害液体防护眼镜或防毒气封闭式无色防护眼镜（见图 2-10）。

图 2-10

（7）防护眼镜的宽窄和大小要恰好适合使用者。如果大小不合适，防护眼镜滑落到鼻尖上，将起不到防护作用（见图 2-11）。

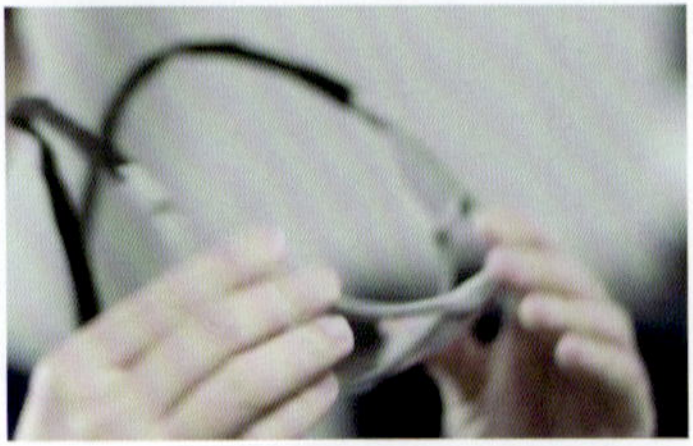

图 2-11

（8）佩戴透明防护眼镜前应用干净的眼镜布擦拭镜片，以保证具有足够的透光度（见图 2-12）。

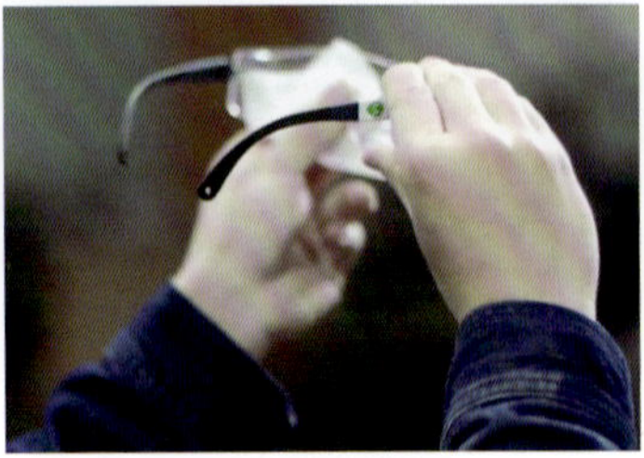

图 2-12

（9）戴好防护眼镜后应收紧防护眼镜镜腿（带），避免眼镜滑落（见图2-13）。

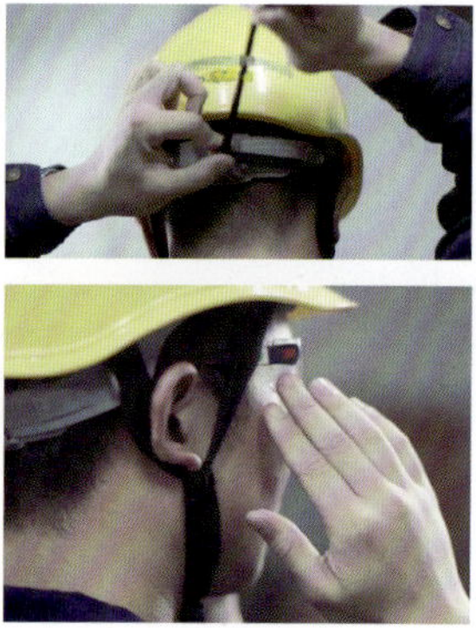

图 2-13

第三章

安全带

第一节　安全带检查卡

（1）检查商标、合格证和检验证等标识是否清晰完整，各部件应完整无缺失、无伤残破损（见图3-1）。

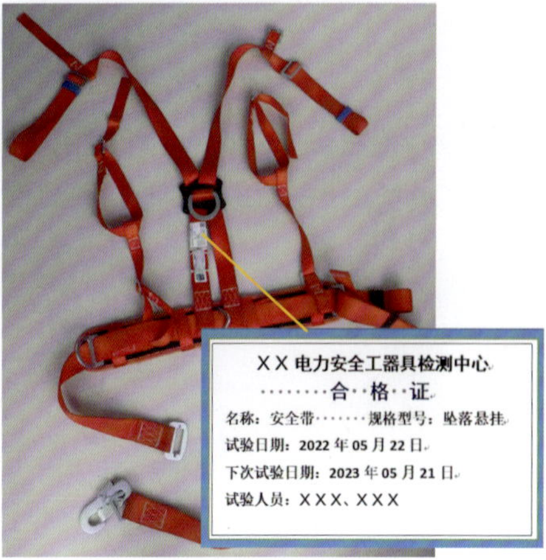

图 3-1

（2）腰带的带体应无灼伤、脆裂及霉变，表面不应有明显磨损及切口（见图 3-2）。

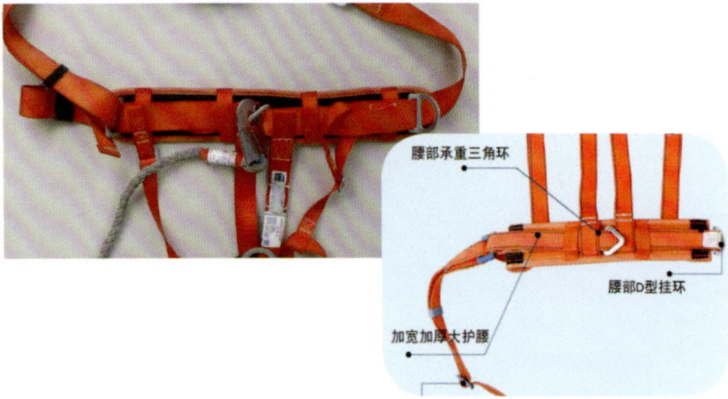

图 3-2

（3）围杆带的带体应无灼伤、脆裂及霉变，表面不应有明显磨损及切口（见图 3-3）。

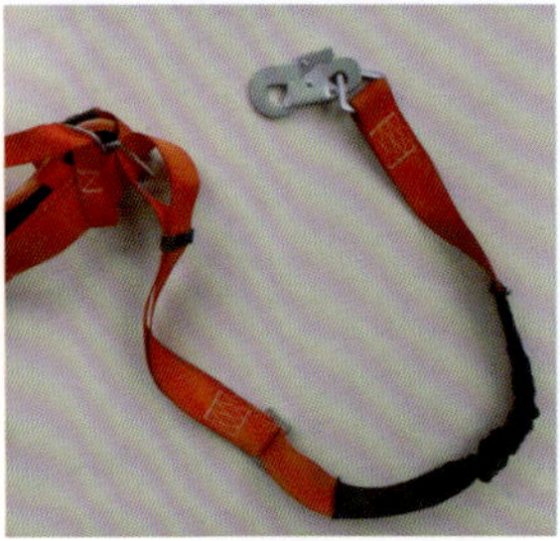

图 3-3

（4）肩带的带体应无灼伤、脆裂及霉变，表面不应有明显磨损及切口（见图 3-4）。

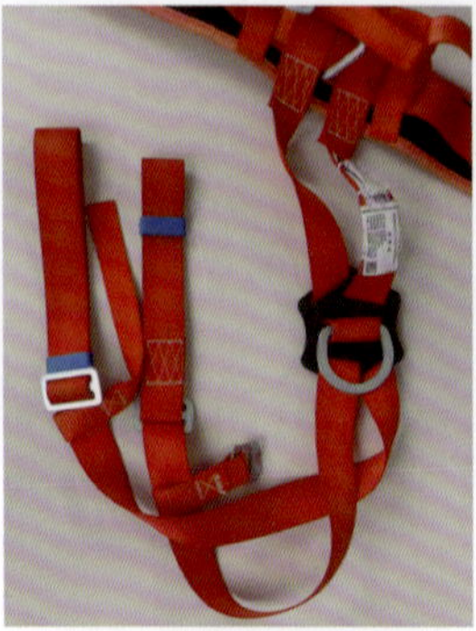

图 3-4

（5）腿带的带体应无灼伤、脆裂及霉变，表面不应有明显磨损及切口（见图 3-5）。

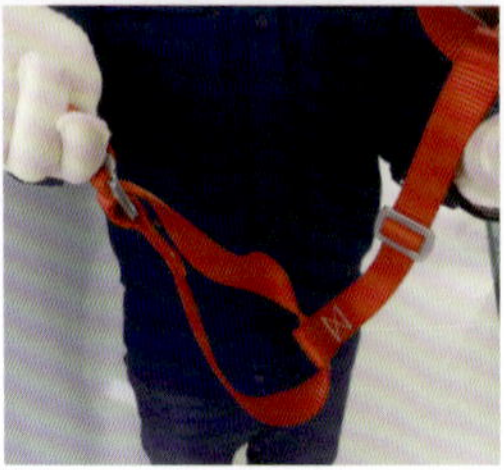

图 3-5

（6）围杆绳、安全绳应无灼伤、脆裂、断股及霉变，各股松紧一致，绳子无扭结（见图 3-6）。

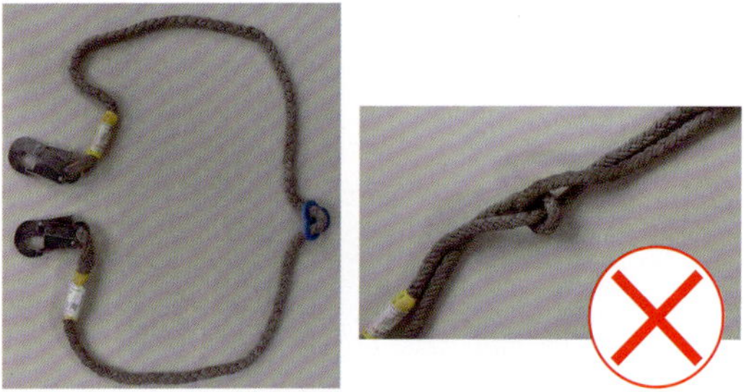

图 3-6

（7）护腰带接触腰的部分应垫有柔软材料，边缘圆滑无角（见图 3-7）。

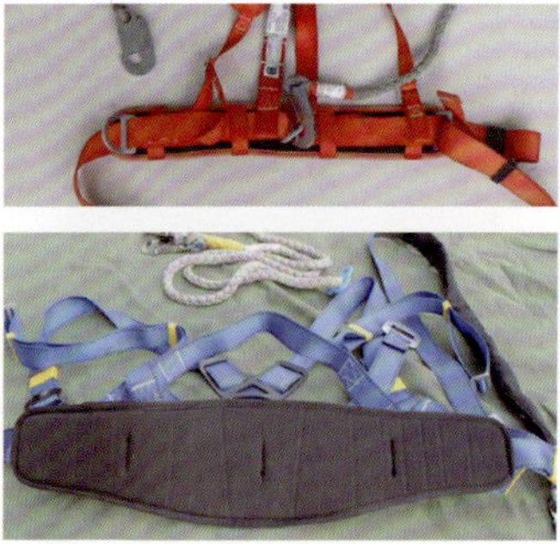

图 3-7

（8）织带折头连接应使用缝线，不使用铆钉、胶粘、热合等工艺（见图 3-8）。

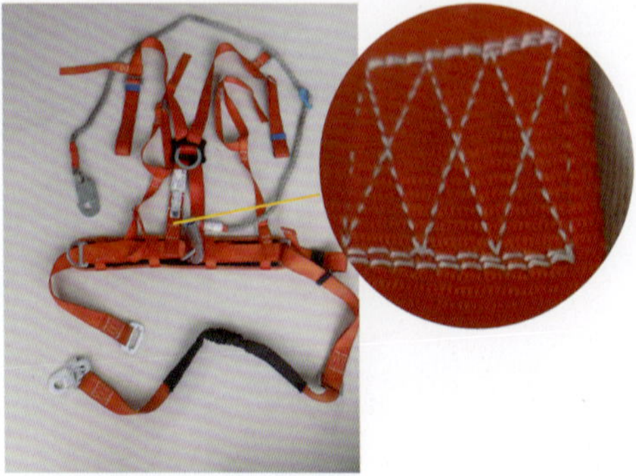

图 3-8

（9）织带折头连接应使用缝线，缝线颜色与织带应有所区分（见图 3-9）。

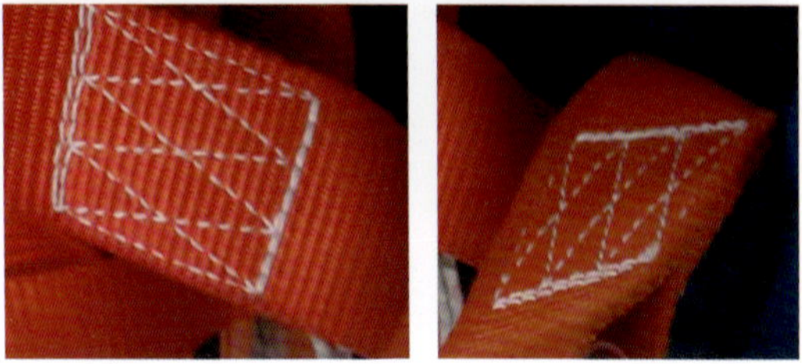

图 3-9

（10）金属配件表面应光洁，无裂纹、严重锈蚀和目测可见的变形，配件边缘呈圆弧形（见图3-10）。

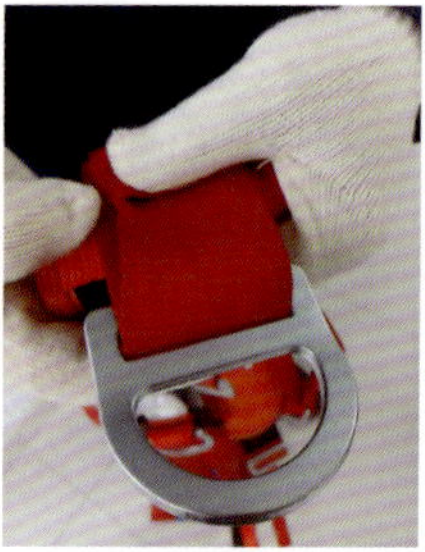

图 3-10

（11）金属环类零件不允许使用焊接，不应留有开口（见图 3-11）。

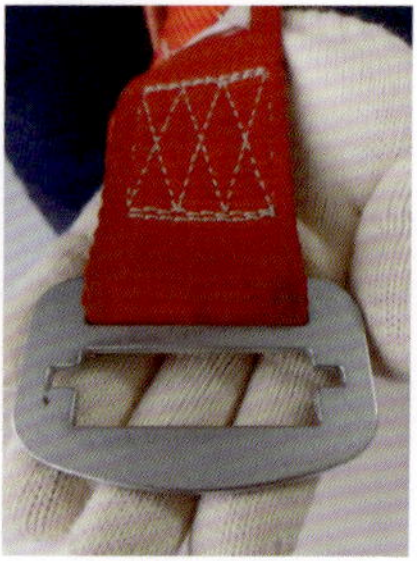

图 3-11

（12）金属挂钩等连接器应有保险装置，且只有在两个及以上明确的动作下才能打开，并操作灵活（见图 3-12）。

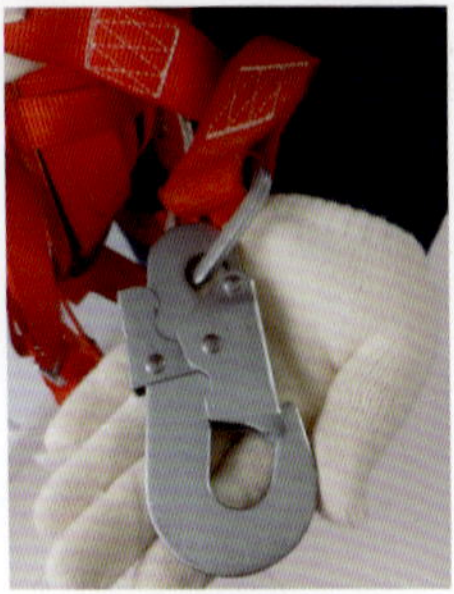

图 3-12

（13）钩体和钩舌的咬口必须完整，各调节装置应灵活可靠（见图 3-13）。

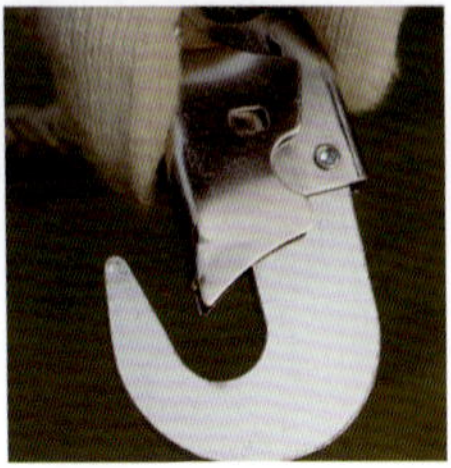

图 3-13

（14）钩体和钩舌的咬口必须完整，两者不得偏斜（见图 3-14）。

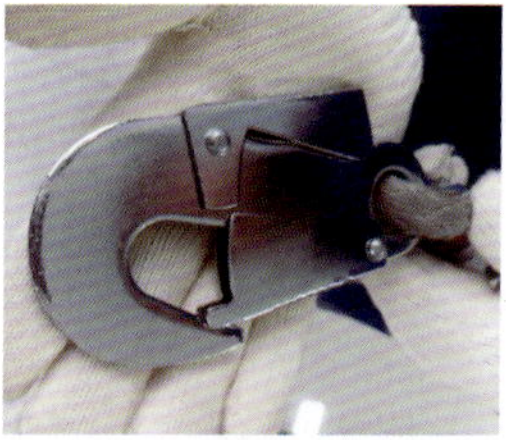

图 3-14

（15）检查全身式安全带是否完好无损（见图 3-15）。

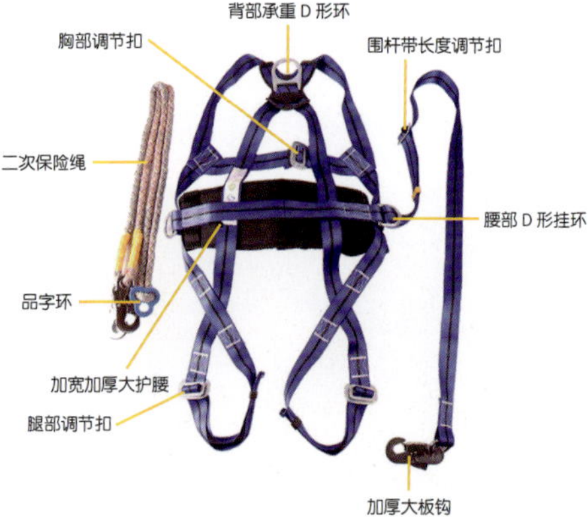

图 3-15

（16）检查上身式安全带是否完好无损（见图3-16）。

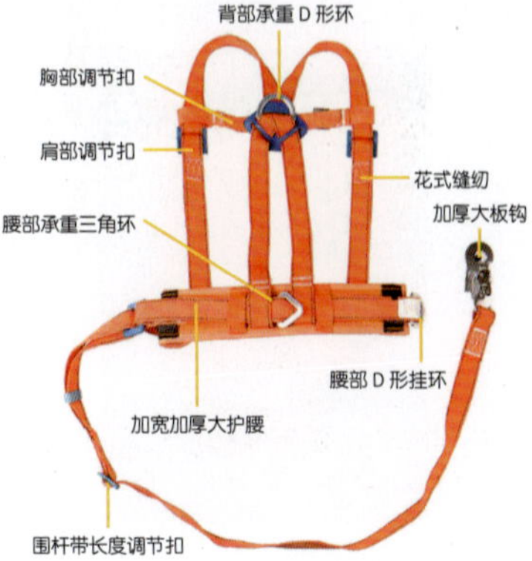

图 3-16

（17）检查腰部安全带是否完好无损（见图3-17）。

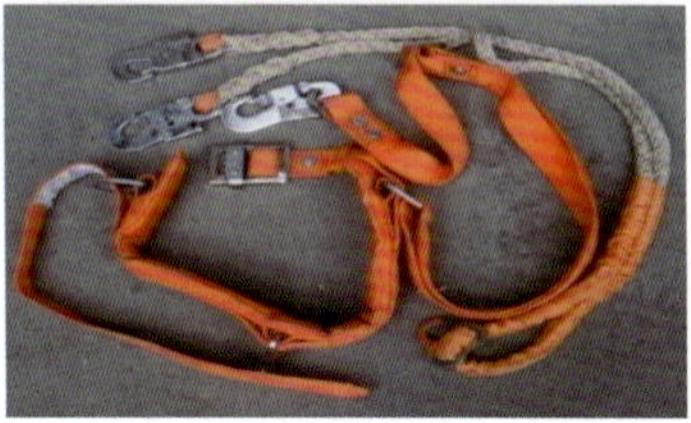

图 3-17

第二节 安全带使用卡

（1）围杆作业安全带一般使用期限为 3 年（见图 3-18）。

图 3-18

（2）区域限制安全带使用期限为 5 年（见图 3-19）。

图 3-19

（3）坠落悬挂安全带使用期限为5年（见图3-20）。

图 3-20

（4）如发生坠落事故，应由专人进行检查；如有影响性能的损伤，应立即更换（见图 3-21）。

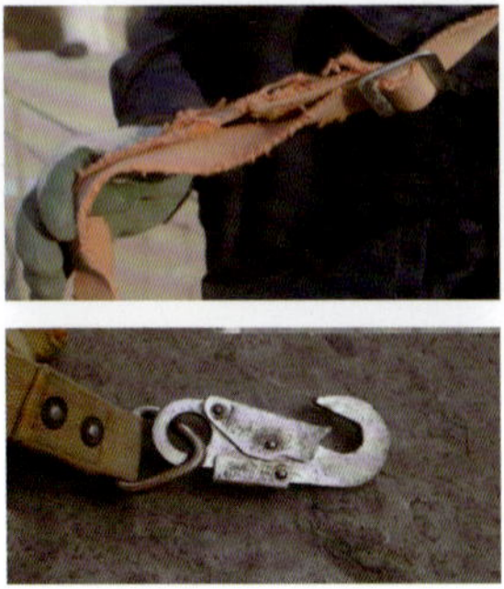

图 3-21

（5）应正确选用安全带，其功能应符合现场作业要求，如需多种条件下使用，在保证安全的前提下，可选用组合式安全带（区域限制安全带、围杆作业安全带、坠落悬挂安全带等的组合）（见图 3-22）。

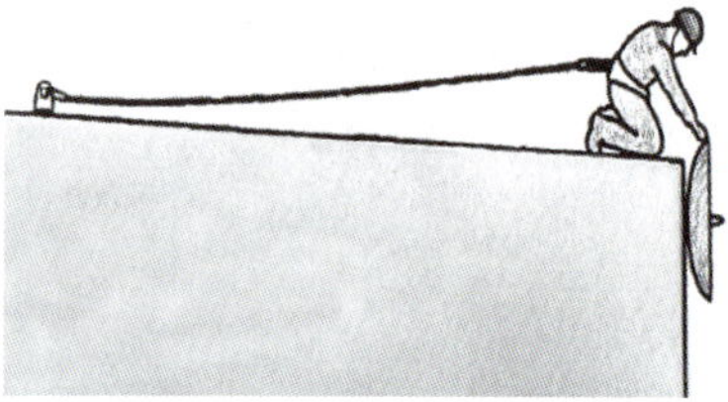

区域限制安全带

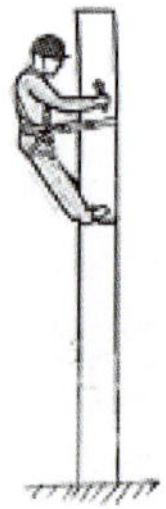

围杆作业安全带

坠落悬挂安全带

图 3-22

（6）安全带穿戴好后应仔细检查调节扣，确保各处绳扣连接牢固（见图 3-23）。

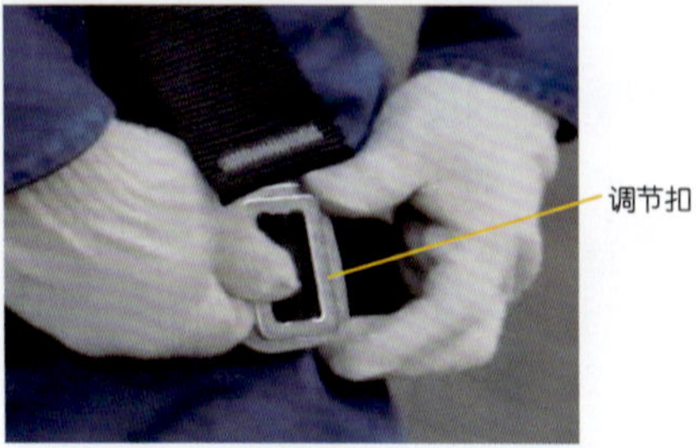

图 3-23

（7）安全带穿戴好后应仔细检查连接扣，确保各处绳扣连接牢固（见图 3-24）。

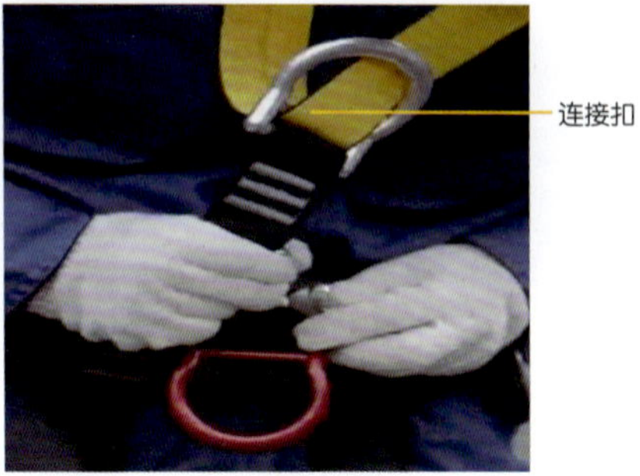

图 3-24

（8）作业人员在 2m 及以上的高处作业应使用安全带（见图 3-25）。

图 3-25

（9）在坝顶、陡坡、屋顶、悬崖、杆塔、吊桥以及其他危险的边沿进行工作时，临空一面应装设安全网或防护栏杆，否则作业人员应使用安全带（见图 3-26）。

图 3-26

（10）在没有栏杆的脚手架上工作，高度超过1.5m 时，应使用安全带（见图 3-27）。

图 3-27

（11）在进行没有脚手架辅助的工作，高度超过1.5m 时，应使用安全带（见图 3-28）。

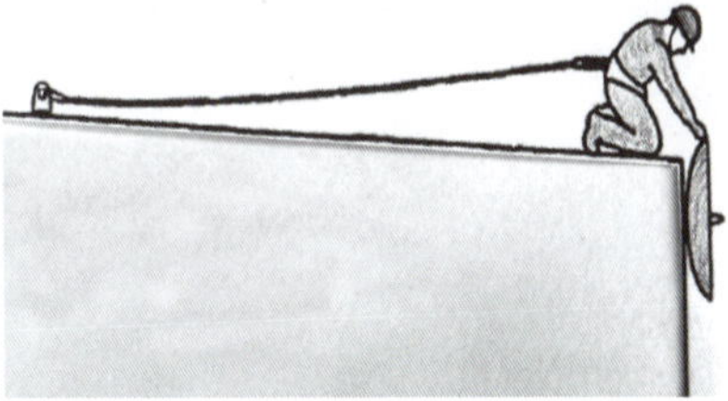

图 3-28

（12）在电焊作业或其他有火花、熔融源等场所使用的安全带或安全绳应有隔热防磨套（见图3-29）。

图 3-29

（13）安全带的挂钩或绳子应挂在结实牢固的构件或专为挂安全带用的钢丝绳上（见图 3-30）。

图 3-30

（14）安全带应采用高挂低用的方式（见图3-31）。

图 3-31

（15）高处作业人员在转移作业位置时不准失去安全保护（见图 3-32）。

图 3-32

（16）禁止将安全带系在移动或不牢固的隔离开关支持绝缘子上（见图 3-33）。

图 3-33

（17）禁止将安全带系在移动或不牢固的瓷横担上（见图 3-34）。

图 3-34

（18）禁止将安全带系在移动或不牢固且未经固定的转动横担上（见图 3-35）。

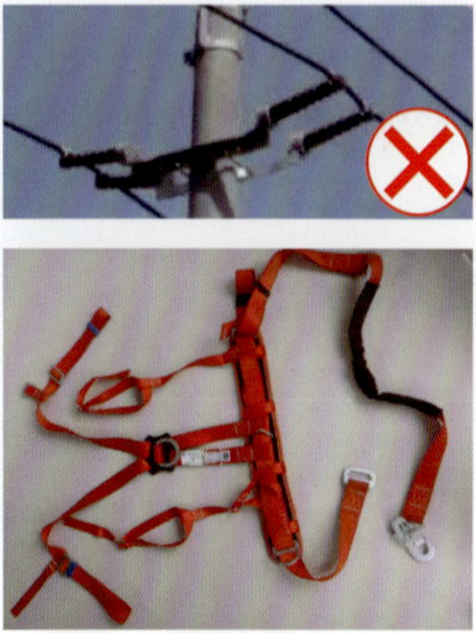

图 3-35

（19）禁止将安全带系在移动或不牢固的线路支柱绝缘子上（见图 3-36）。

图 3-36

（20）禁止将安全带系在移动或不牢固的避雷器支柱绝缘子上（见图 3-37）。

图 3-37

（21）登杆前，应进行围杆带的试拉，无异常方可继续使用（见图 3-38）。

图 3-38

（22）登杆前，应进行后备绳的试拉，无异常方可继续使用（见图 3-39）。

图 3-39

第四章

安全绳

第一节　安全绳检查卡

（1）安全绳的产品名称、标准号、制造厂名及厂址、生产日期（年、月）及有效期、总长度、产品作业类别（围杆作业、区域限制或坠落悬挂）、产品合格标志、法律法规要求标注的其他内容等永久标识应清晰完整（见图 4-1）。

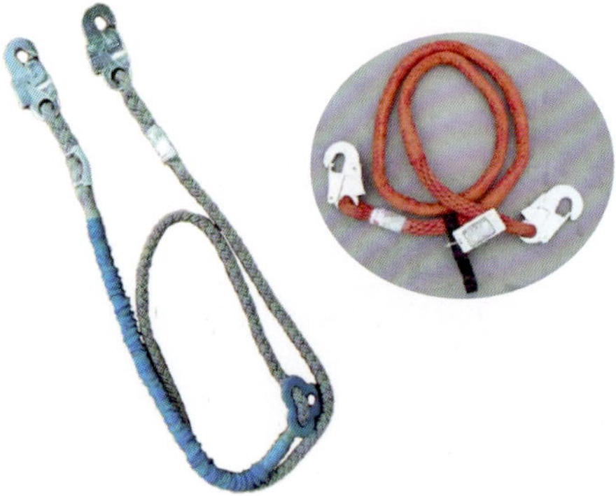

图 4-1

（2）安全绳的产品合格标志应清晰完整（见图 4-2）。

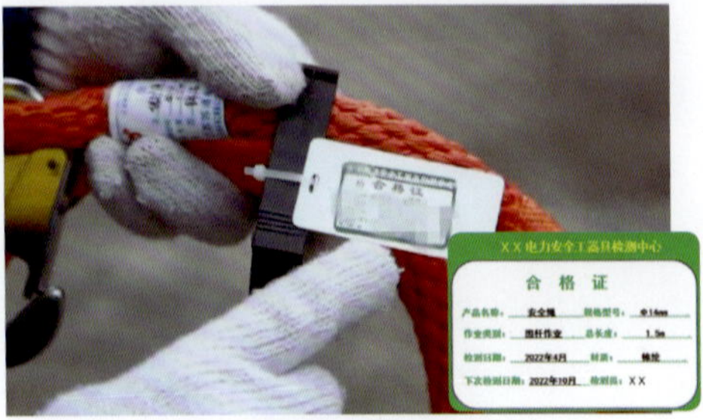

图 4-2

（3）安全绳应光滑、干燥（见图 4-3）。

图 4-3

（4）安全绳应无霉变、断股、磨损、灼伤、缺口等缺陷（见图 4-4）。

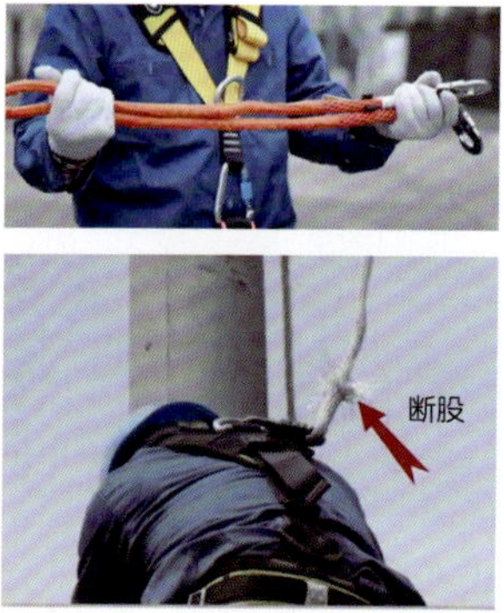

图 4-4

（5）安全绳所有部件应顺滑，无材料或制造缺陷，无尖角或锋利边缘（见图 4-5）。

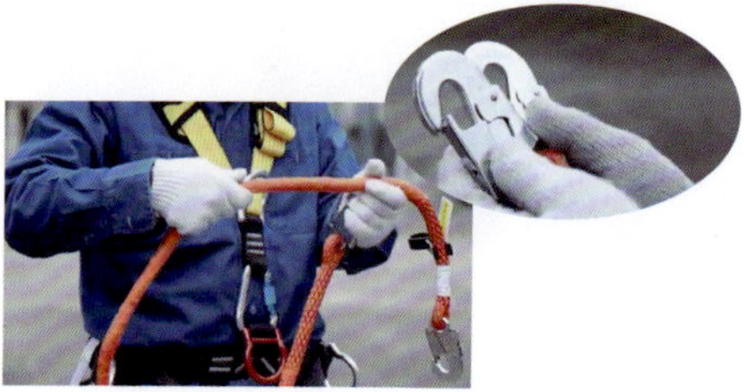

图 4-5

（6）安全绳护套（如有）应完整不破损（见图4-6）。

图 4-6

（7）织带式安全绳的织带应加锁边线，末端无散丝（见图 4-7）。

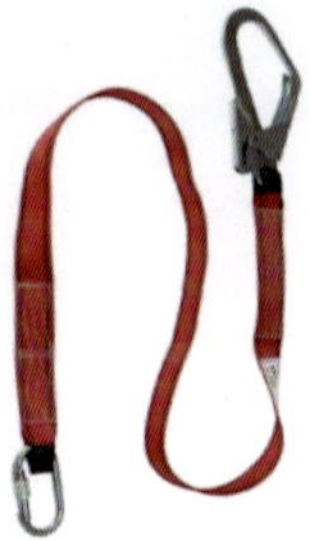

图 4-7

（8）纤维绳式安全绳绳头应无散丝（见图 4–8）。

图 4–8

（9）钢丝绳式安全绳的钢丝应捻制均匀、紧密、不松散，中间无接头（见图 4–9）。

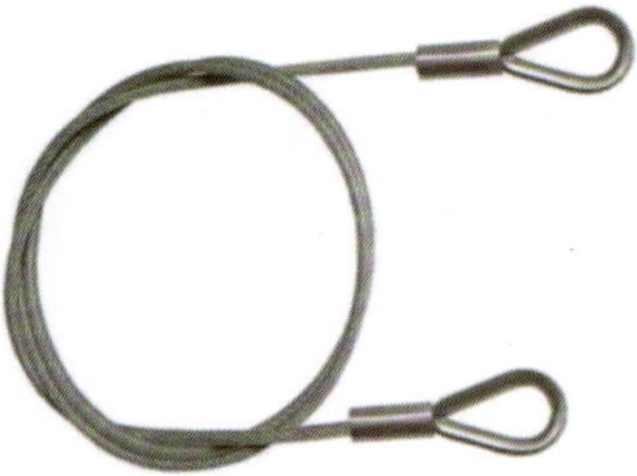

图 4–9

（10）链式安全绳下端环、连接环和中间环的各环间转动灵活，链条形状应一致（见图 4-10）。

图 4-10

第二节　安全绳使用卡

（1）安全绳应为整根，不可私自接长使用（见图 4-11）。

图 4-11

（2）在高温、腐蚀等场合使用的安全绳，应穿入整根具有耐高温、抗腐蚀的保护套或采用钢丝绳式安全绳（见图 4-12）。

图 4-12

（3）安全绳应通过连接扣连接（见图 4-13）。

图 4-13

（4）安全绳使用过程中不应打结（见图 4-14）。

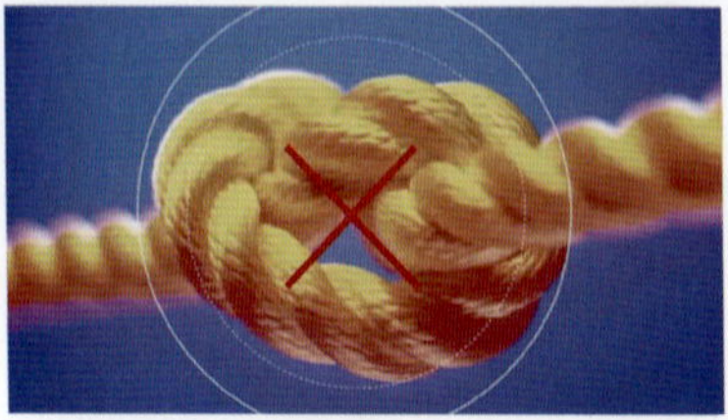

图 4-14

（5）安全绳（包括未展开的缓冲器）不应超过 2m，有 2 根安全绳（包括未展开的缓冲器）的安全带，其单根有效长度不应大于 1.2m（见图 4-15）。

图 4-15

第一节　脚扣检查卡

（1）检查脚扣标识是否清晰完整（见图 5-1）。

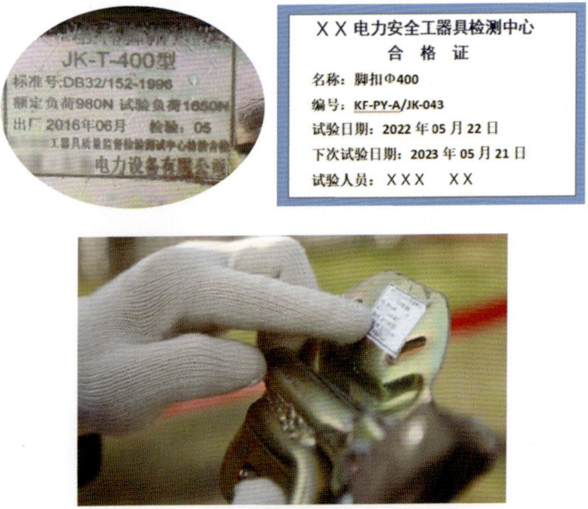

图 5-1

（2）金属母材及焊缝无任何裂纹和目测可见的变形，表面光洁，边缘呈圆弧形（见图 5-2）。

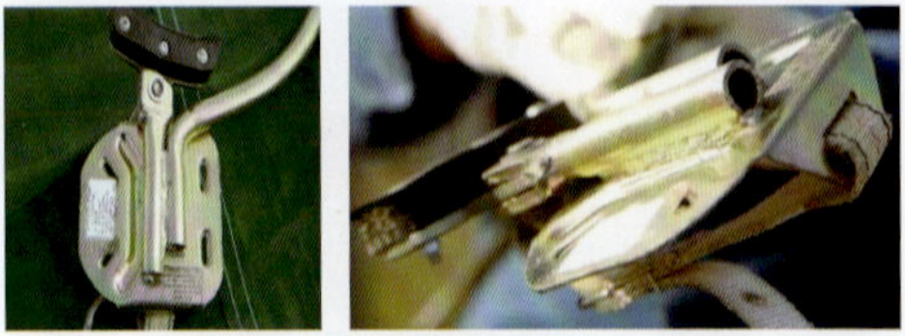

图 5-2

（3）围杆钩在扣体内滑动灵活、可靠，无卡阻现象（见图 5-3）。

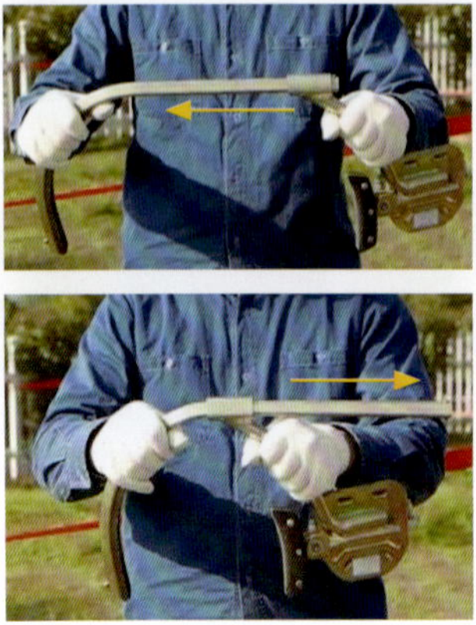

图 5-3

（4）保险装置可靠，防止围杆钩在扣体内脱落（见图 5-4）。

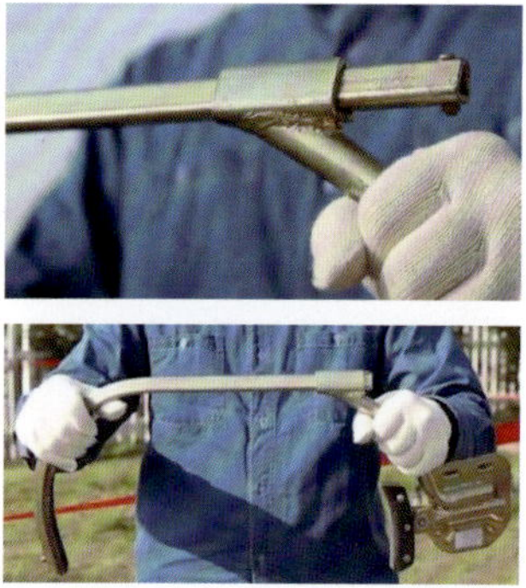

图 5-4

（5）小爪连接牢固，活动灵活（见图 5-5）。

图 5-5

（6）橡胶防滑块与小爪钢板连接牢固、覆盖完整，无破损（见图 5-6）。

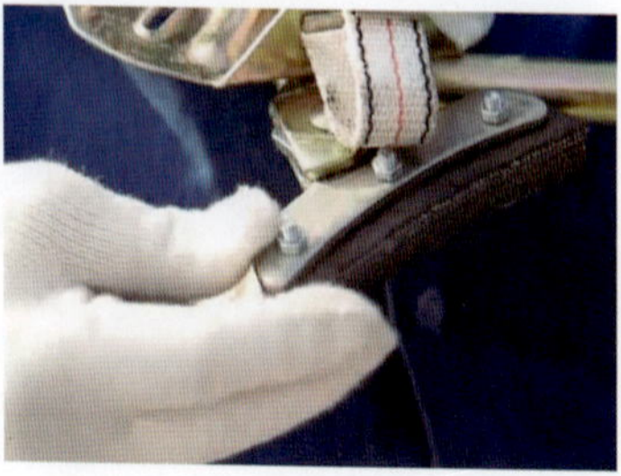

图 5-6

（7）橡胶防滑块与围杆钩连接牢固、覆盖完整，无破损（见图 5-7）。

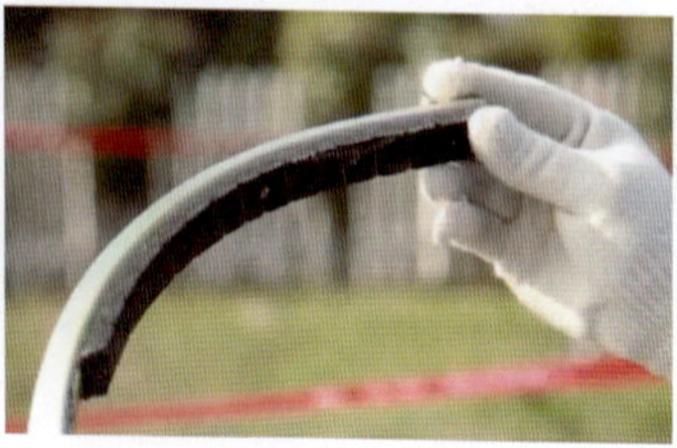

图 5-7

（8）脚带完好，止脱扣良好，无霉变、裂缝或严重变形（见图 5-8）。

图 5-8

（9）脚扣包括大号脚扣和小号脚扣两类（见图 5-9）。

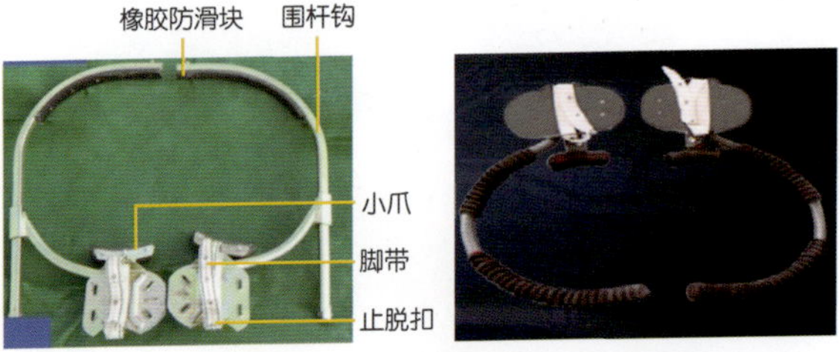

大号脚扣　　小号脚扣

图 5-9

第二节　脚扣使用卡

（1）登杆前，应在杆根处进行一次冲击试验（见图 5-10）。

图 5-10

（2）脚扣冲击试验无异常后方可继续使用（见图 5-11）。

图 5-11

（3）登杆时应将脚扣脚带系牢（见图 5-12）。

图 5-12

（4）登杆过程中应根据杆径大小随时调整脚扣尺寸（见图 5-13）。

图 5-13

（5）特殊天气使用脚扣时，应采取防滑措施（见图 5-14）。

图 5-14

（6）严禁从高处往下扔摔脚扣（见图 5-15）。

图 5-15

第六章

梯子

第一节　梯子检查卡

（1）梯子按照结构形式分为直梯、人字梯、延伸梯等（见图 6-1）。

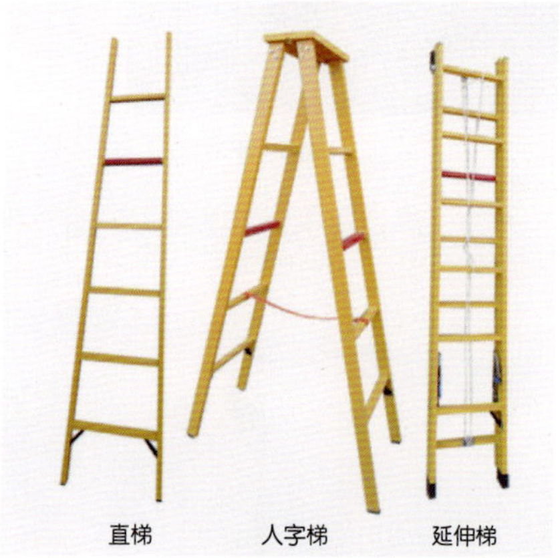

图 6-1

（2）人字梯包括折叠梯、伸缩式折叠梯、组合梯等（见图 6-2）。

折叠梯　　伸缩式折叠梯　　组合梯

图 6-2

（3）延伸梯包括伸缩式直梯和鱼竿梯等。

伸缩式直梯　　鱼竿梯

图 6-3

（4）梯子的型号、名称、额定载荷、长度、最高站立平面高度、制造者或销售者名称（或标识）、制造年月、执行标准及基本危险警示标志（复合材料梯的电压等级）应清晰明显（见图6-4）。

图6-4

（5）踏棍（板）与梯梁连接牢固，整梯无松散，各部件无变形（见图 6-5）。

图 6-5

（6）梯脚防滑良好，梯子竖立后平稳，无目测可见的侧向倾斜（见图 6-6）。

图 6-6

（7）升降梯升降灵活，锁紧装置可靠（见图6-7）。

图 6-7

（8）铝合金折叠梯铰链牢固，开闭灵活，无松动（见图6-8）。

图 6-8

（9）折叠梯限制开度装置完整牢固（见图 6-9）。

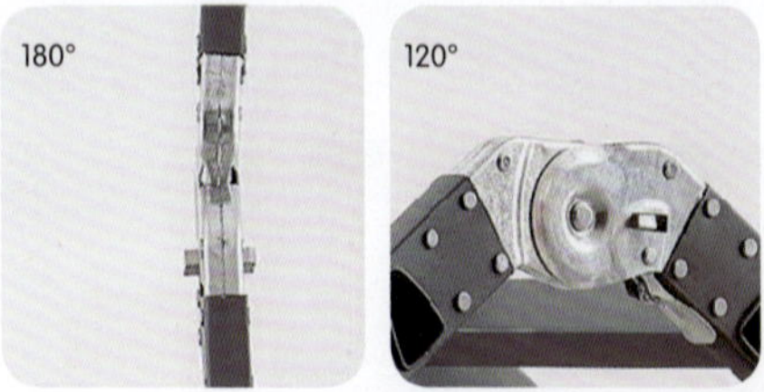

图 6-9

（10）延伸式梯子操作用绳无断股、打结等现象，升降灵活，锁位准确可靠（见图 6-10）。

图 6-10

（11）竹梯、木梯无虫蛀、腐蚀等现象。木梯梯梁的窄面不应有节子，宽面上允许有实心或不透的直径小于 13mm 的节子，节子外缘距梯梁边缘应大于 13mm，两相邻节子外缘距离不应小于 0.9m（见图 6-11）。

竹梯

木梯

图 6-11

（12）踏板窄面上不应有节子，踏板宽面上节子的直径不应大于6mm，踏棍上不应有直径大于3mm的节子。干燥细裂纹长不应大于150mm，深不应大于10mm。梯梁和踏棍（板）连接的受剪切面及其附近不应有裂缝，其他部位的裂缝长不应大于50mm（见图6-12）。

图6-12

（13）单梯在距梯顶 1m 处应设限高标志（见图 6-13）。

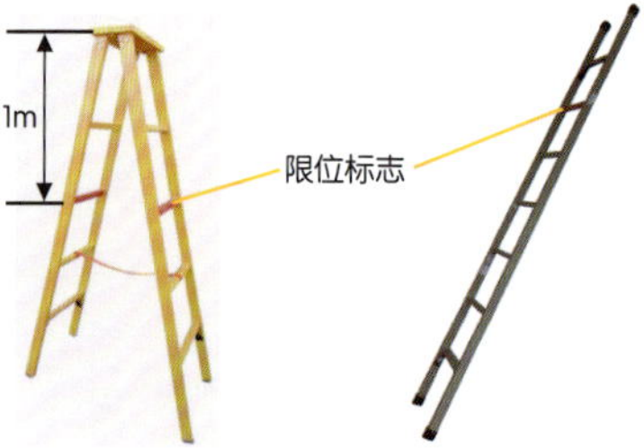

图 6-13

第二节　梯子使用卡

（1）梯子应能承受作业人员及所携带的工具、材料攀登时的总重量（见图 6-14）。

图 6-14

（2）梯子不得接长或垫高使用。如需接长，应用铁卡子或绳索切实卡住或绑牢并加设支撑（见图6-15）。

图 6-15

（3）梯子应放置稳固，梯脚要有防滑装置（见图6-16）。

图 6-16

（4）使用前，应先进行试登，确认可靠后方可使用（见图 6-17）。

图 6-17

（5）有人在梯子上工作时，梯子应有人扶持和监护（见图 6-18）。

图 6-18

（6）梯子与地面的夹角应为60°左右（见图6-19）。

图 6-19

（7）工作人员必须在距梯顶1m以下的梯蹬上工作（见图6-20）。

图 6-20

（8）人字梯应具有坚固的铰链和限制开度的拉链（见图 6–21）。

图 6–21

（9）靠在管子或导线上使用梯子时，其上端需用挂钩挂住或用绳索绑牢（见图 6–22）。

图 6–22

（10）在通道上使用梯子时，应设监护人或设置临时围栏（见图 6-23）。

图 6-23

（11）梯子不准放在门前使用，如确为必要应采取防止门突然开启的措施（见图 6-24）。

图 6-24

（12）人在梯子上时严禁移动梯子（见图 6-25）。

图 6-25

（13）人在梯子上时严禁上下抛递工具、材料（见图 6-26）。

图 6-26

（14）在变电站高压设备区或高压室内应使用绝缘材料做的梯子，禁止使用金属材料做的梯子（见图6-27）。

图 6-27

（15）搬动梯子时，应放倒且两人搬运，并与带电部分保持安全距离（见图 6-28）。

图 6-28

第七章

辅助型绝缘手套

第一节　辅助型绝缘手套检查卡

（1）辅助型绝缘手套的电压等级、制造厂名、制造年月等标识清晰完整（见图 7-1）。

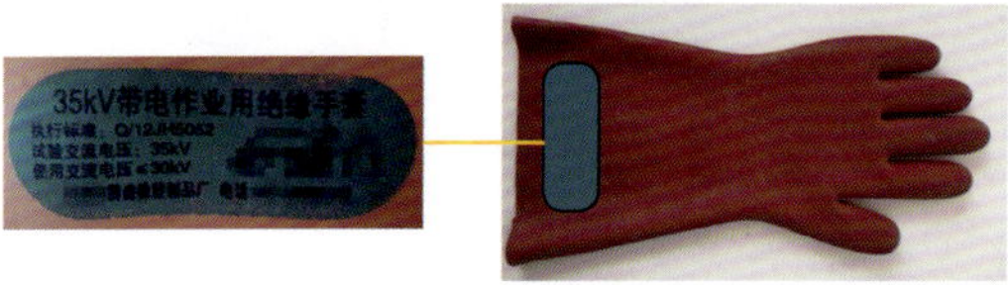

图 7-1

（2）辅助型绝缘手套的合格证等标识清晰完整（见图 7-2）。

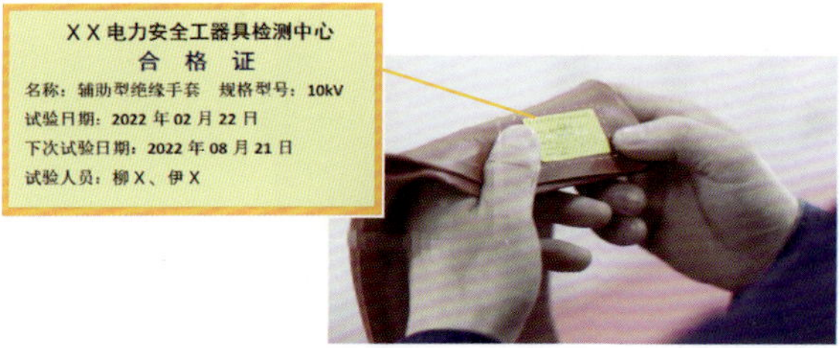

图 7-2

（3）手套内、外表面均应平滑、完好无损，无划痕、裂缝、折缝和孔洞等缺陷（见图 7-3）。

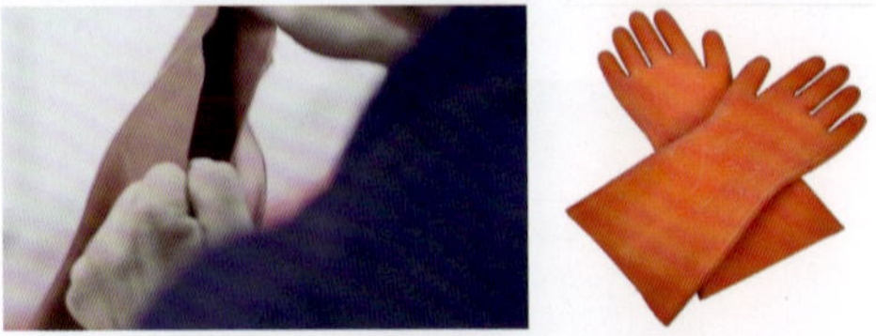

图 7-3

（4）用卷曲法或充气法检查手套有无漏气现象（见图 7-4）。

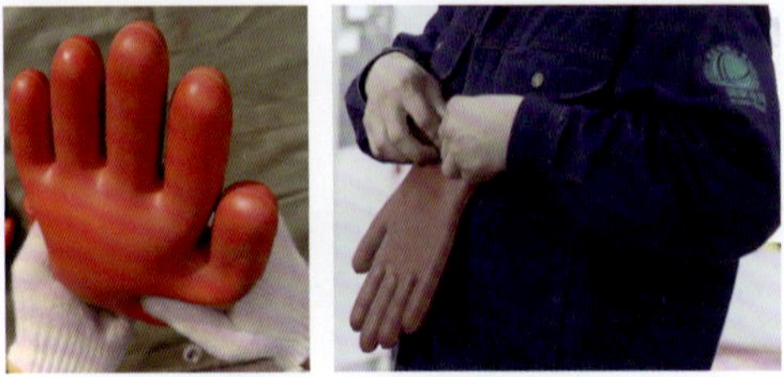

图 7-4

第二节 辅助型绝缘手套使用卡

（1）辅助型绝缘手套应根据使用电压的高低、不同防护条件来选择（见图 7-5）。

图 7-5

（2）作业时，应将上衣袖口套入绝缘手套筒口内（见图 7-6）。

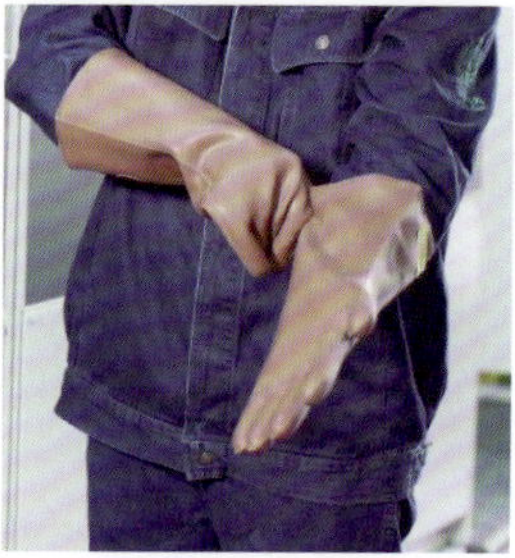

图 7-6

（3）按照电力安全工作规程有关要求，进行设备验电工作时应戴绝缘手套（见图 7-7）。

图 7-7

（4）按照电力安全工作规程有关要求，进行清除异物工作时应戴绝缘手套（见图 7-8）。

图 7-8

（5）按照电力安全工作规程有关要求，进行倒闸操作工作时应戴绝缘手套（见图 7-9）。

图 7-9

（6）按照电力安全工作规程有关要求，进行装拆接地线等工作时应戴绝缘手套（见图 7-10）。

图 7-10

第八章

辅助型绝缘靴（鞋）

第一节　辅助型绝缘靴（鞋）检查卡

（1）辅助型绝缘靴（鞋）的鞋帮或鞋底上的鞋号、生产年月、标准号、电绝缘字样（或英文EH）、闪电标记、耐电压数值等标识清晰完整（见图8-1）。

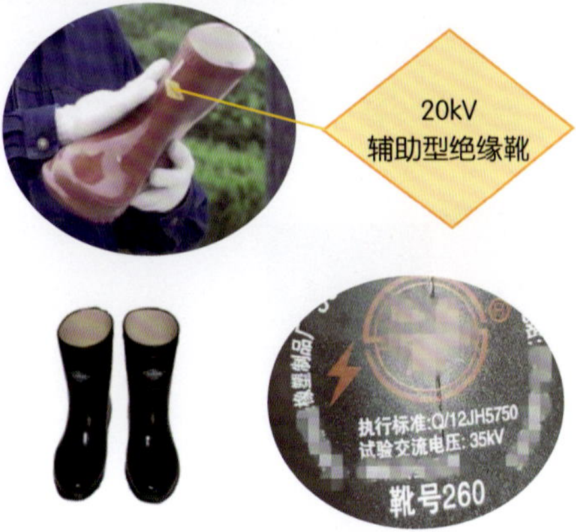

图 8-1

（2）辅助型绝缘靴（鞋）的鞋帮或鞋底上的制造商名称、产品名称、电绝缘性能出厂检验合格印章等标识清晰完整（见图 8-2）。

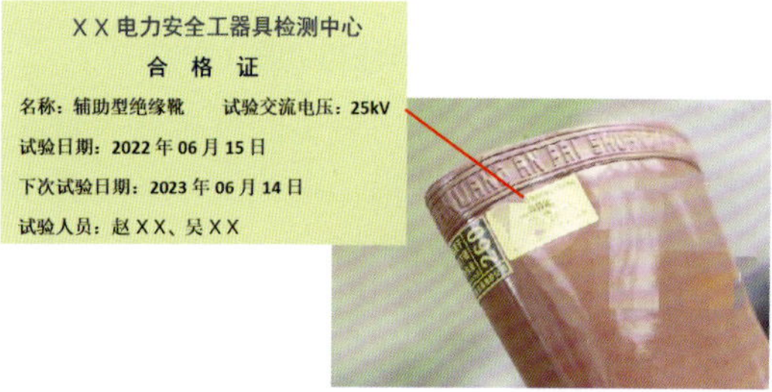

图 8-2

（3）绝缘靴（鞋）应无破损，宜采用平跟（见图 8-3）。

图 8-3

（4）绝缘靴（鞋）鞋底应有防滑花纹，鞋底（跟）磨损不超过 1/2。鞋底不应出现防滑齿磨平、外底磨露出绝缘层等现象（见图 8-4）。

图 8-4

第二节　辅助型绝缘靴（鞋）使用卡

（1）辅助型绝缘靴（鞋）应根据使用电压的高低、不同防护条件来选择（见图 8-5）。

图 8-5

（2）穿用电绝缘皮鞋和电绝缘布面胶鞋时，其工作环境应能保持鞋面干燥（见图 8-6）。

电绝缘皮鞋　　电绝缘布面胶鞋

图 8-6

（3）在各类高压电气设备上工作时，使用绝缘靴（鞋），可配合基本安全用具（例如：绝缘棒、绝缘夹钳）触及带电部分，并要防护跨步电压所引起的电击伤害（见图 8-7）。

图 8-7

（4）在潮湿或有蒸汽、冷凝液体、导电灰尘或易发生危险的场所，尤其应注意配备合适的绝缘靴（鞋），并按标准规定的使用范围正确使用（见图8-8）。

图8-8

（5）穿用绝缘靴时，应将裤管套入靴筒内（见图8-9）。

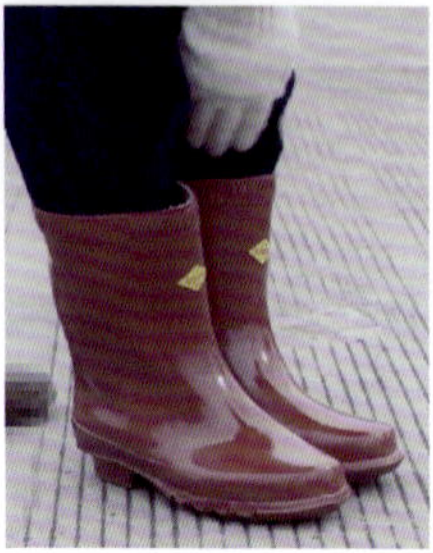

图8-9

（6）穿用绝缘靴（鞋）应避免接触锐器、高温、腐蚀性和酸碱油类物质，防止绝缘靴（鞋）受到损伤而影响电绝缘性能，防穿刺型、耐油型及防砸型绝缘靴（鞋）除外（见图 8-10）。

图 8-10

第九章

辅助型绝缘胶垫

第一节　辅助型绝缘胶垫检查卡

（1）辅助型绝缘胶垫的等级、制造厂名、合格证等标识清晰完整（见图 9-1）。

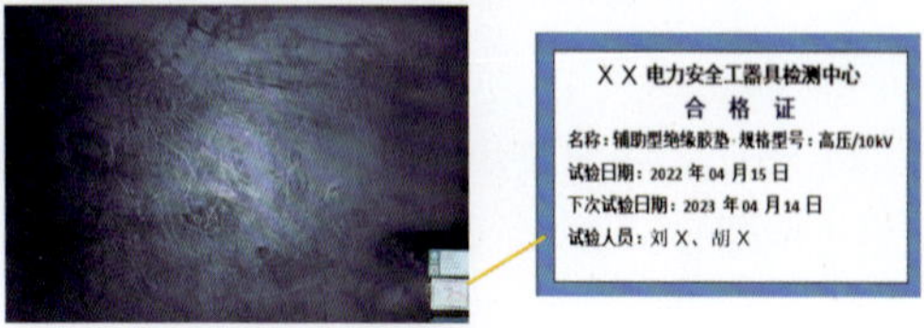

图 9-1

（2）辅助型绝缘胶垫的上、下表面应不存在有害的不规则性缺陷（即破坏均匀性的缺陷与损坏表面光滑轮廓的缺陷）（见图 9-2）。

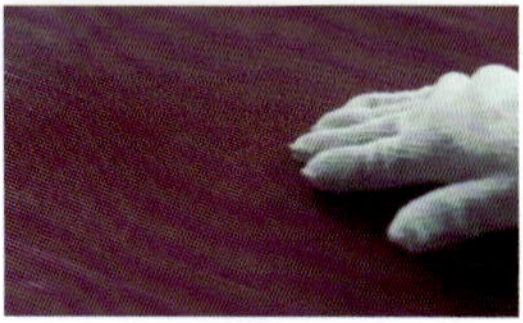

图 9-2

（3）辅助型绝缘胶垫的上、下表面应不存在小孔缺陷（见图 9-3）。

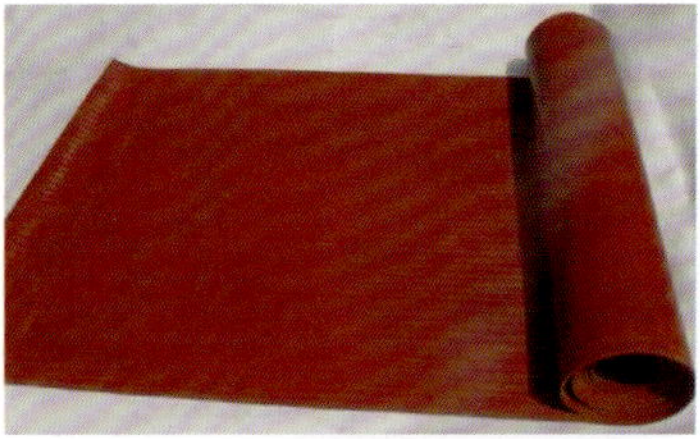

图 9-3

（4）辅助型绝缘胶垫的上、下表面应不存在裂缝缺陷（见图 9-4）。

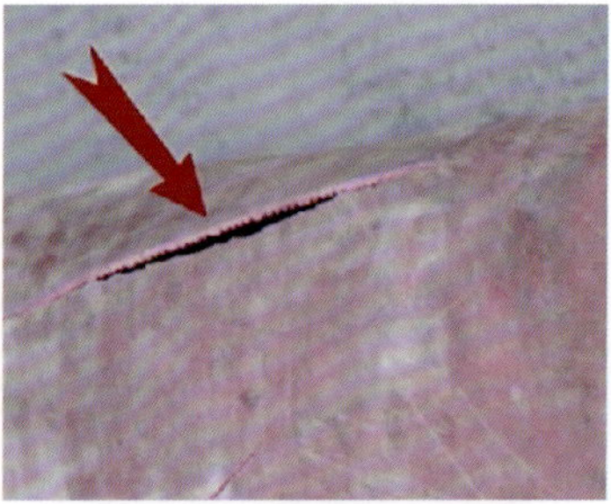

图 9-4

（5）辅助型绝缘胶垫的上、下表面应不存在局部隆起缺陷（见图 9-5）。

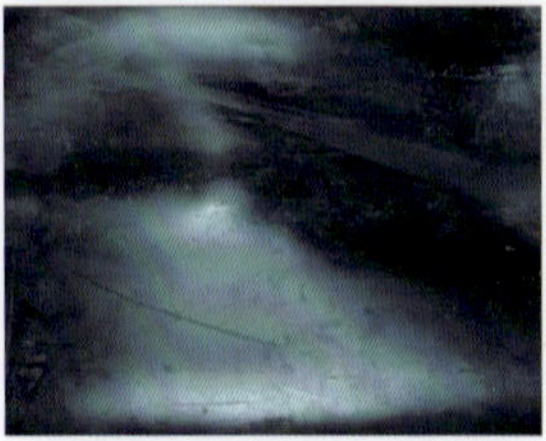

图 9-5

（6）辅助型绝缘胶垫的上、下表面应不存在切口缺陷（见图 9-6）。

图 9-6

（7）辅助型绝缘胶垫的上、下表面应不存在夹杂导电异物的缺陷（见图 9-7）。

图 9-7

（8）辅助型绝缘胶垫的上、下表面应不存在折缝、空隙、凹凸波纹及铸造标志等缺陷（见图 9-8）。

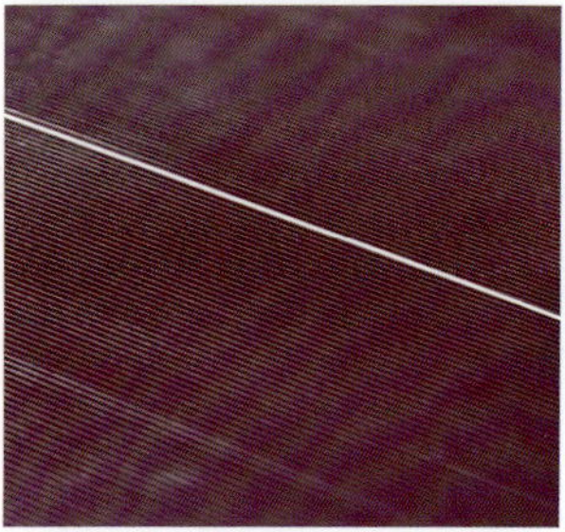

图 9-8

第二节　辅助型绝缘胶垫使用卡

（1）辅助型绝缘胶垫应根据使用电压的高低等条件来选择（见图 9-9）。

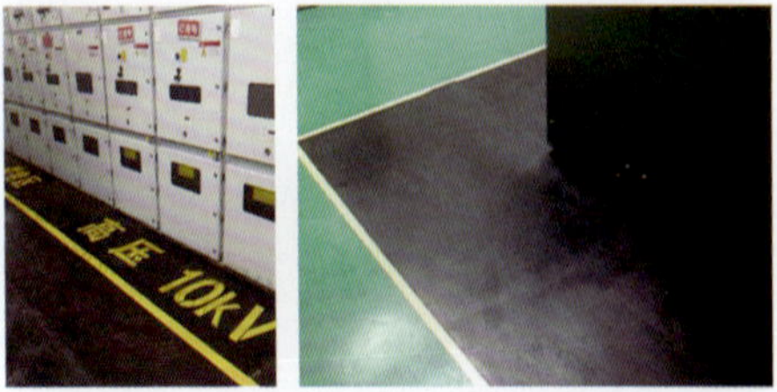

图 9-9

（2）操作时，绝缘胶垫应避免不必要地暴露在高温、阳光下（见图 9-10）。

图 9-10

（3）操作时，绝缘胶垫应尽量避免和机油、油脂、变压器油、工业乙醇以及强酸接触（见图 9-11）。

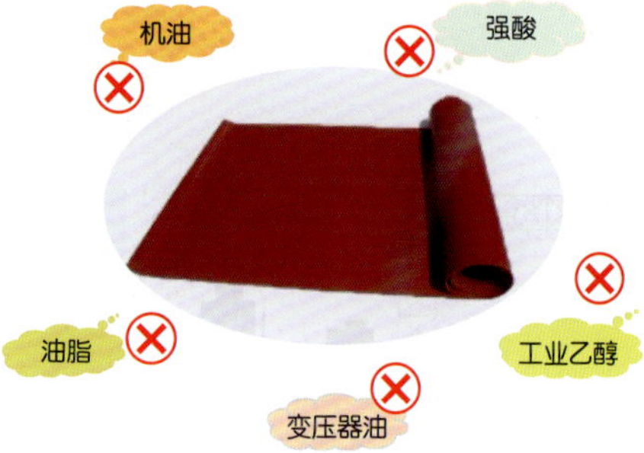

图 9-11

（4）操作时，绝缘胶垫应避免被尖锐物体刺、划（见图 9-12）。

图 9-12

第十章

个人保安线

第一节　个人保安线检查卡

（1）保安线的厂家名称或商标、产品的型号或类别、横截面积（mm^2）、双三角、生产年份等标识清晰完整（见图 10-1）。

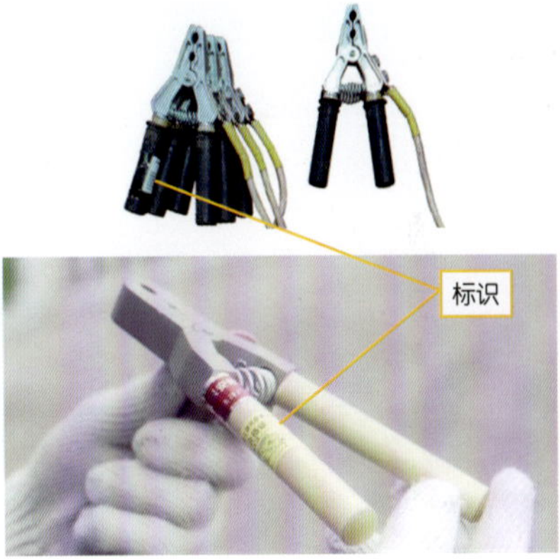

图 10-1

（2）保安线应用多股软铜线，其横截面积不得小于 $16mm^2$（见图 10-2）。

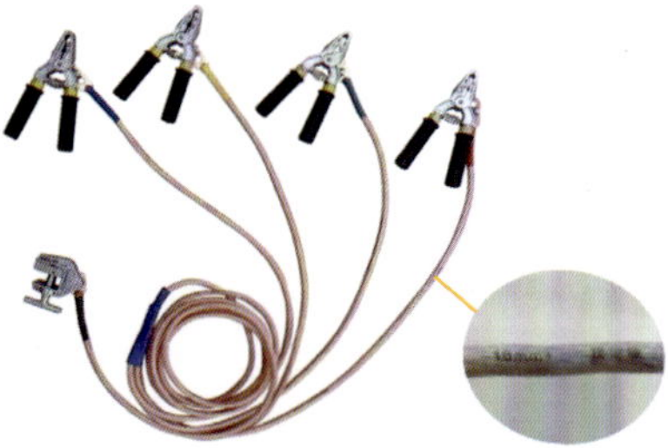

图 10-2

（3）保安线的绝缘护套材料应柔韧透明，护层厚度大于 1mm（见图 10-3）。

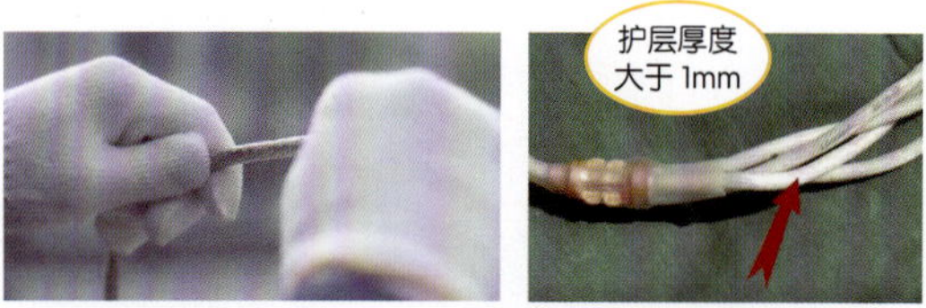

图 10-3

（4）护套应无孔洞、撞伤、擦伤、裂缝、龟裂等现象（见图 10-4）。

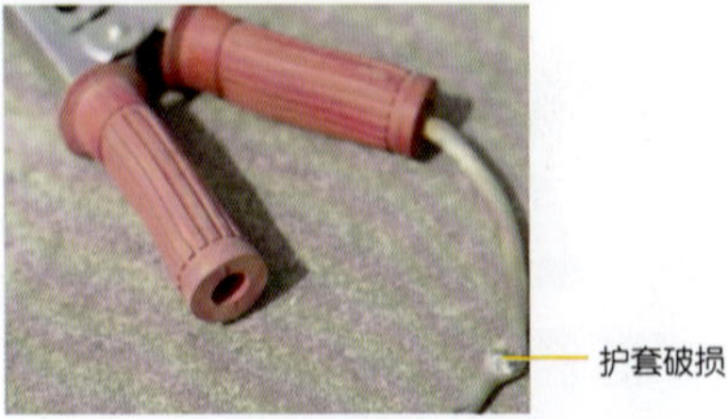

图 10-4

（5）导线无裸露、无松股、中间无接头、无断股、无发黑腐蚀（见图 10-5）。

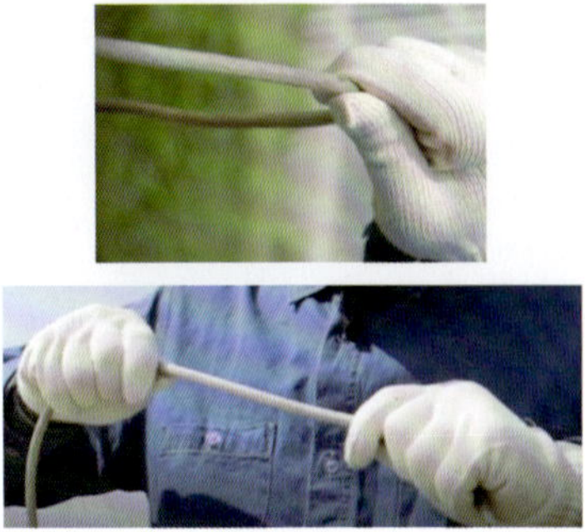

图 10-5

（6）汇流夹应由 T3 或 T2 铜制成，压接后应无裂纹，且与保安线连接牢固（见图 10-6）。

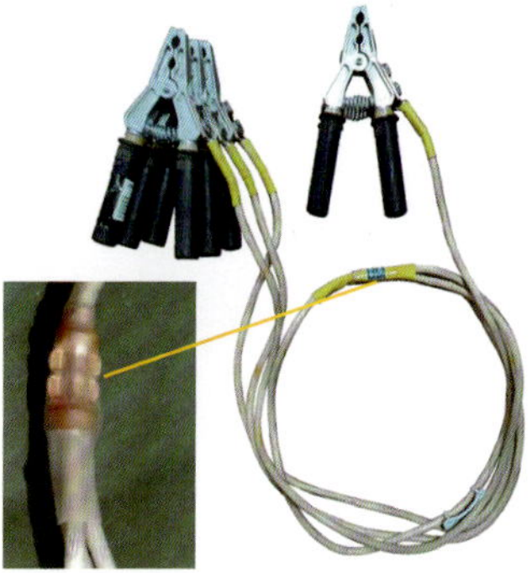

图 10-6

（7）线夹完整、无损坏（见图 10-7）。

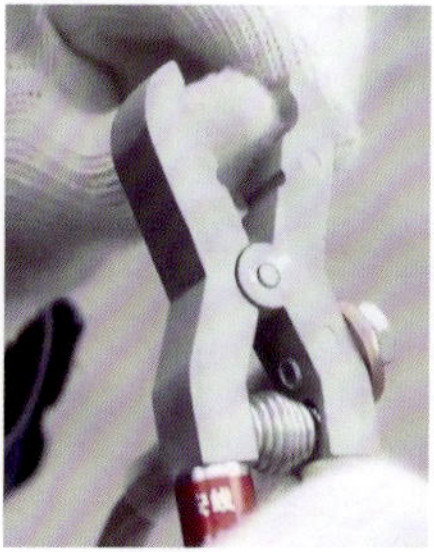

图 10-7

（8）线夹与电力设备及接地体的接触面无毛刺（见图 10-8）。

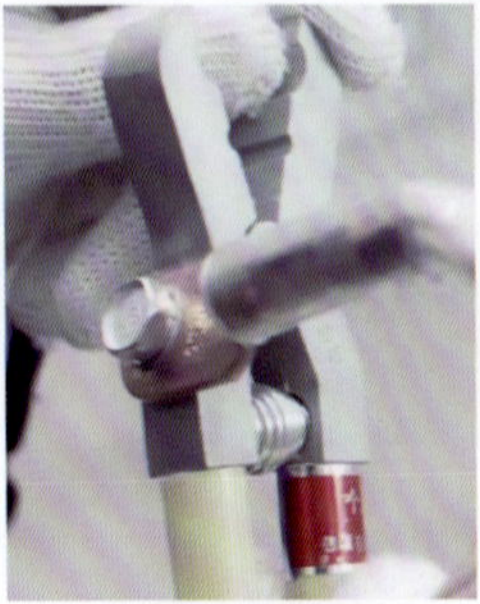

图 10-8

（9）保安线应采用线鼻与线夹相连接（见图 10-9）。

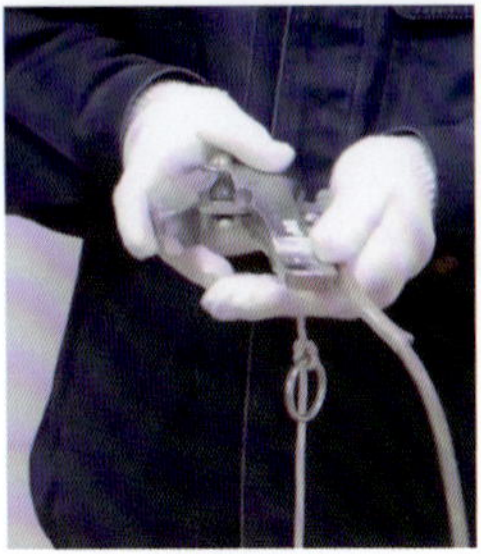

图 10-9

（10）保安线的线鼻与线夹连接牢固，接触良好，无松动、腐蚀及灼伤痕迹（见图 10-10）。

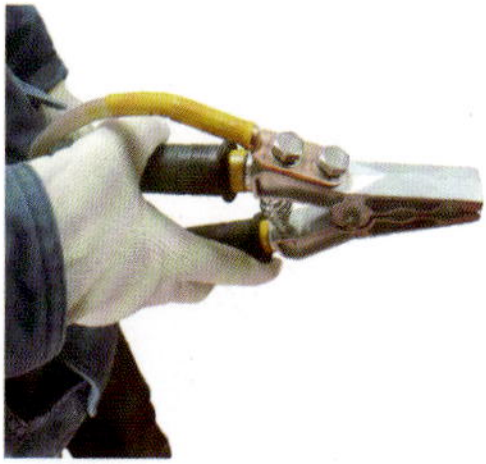

图 10-10

第二节　个人保安线使用卡

（1）个人保安线仅作为预防感应电使用，不得以此代替《国家电网有限公司电力安全工作规程》规定的工作接地线（见图 10-11）。

图 10-11

（2）只有在工作接地线挂好后，方可在工作相上挂个人保安线（见图 10-12）。

图 10-12

（3）工作地段如有邻近线路，为防止停电检修线路上感应电压伤人，在需要接触或接近导线工作时，应使用个人保安线（见图 10-13）。

图 10-13

（4）工作地段如有平行线路，为防止停电检修线路上感应电压伤人，在需要接触或接近导线工作时，应使用个人保安线（见图 10-14）。

图 10-14

（5）工作地段如有交叉跨越线路，为防止停电检修线路上感应电压伤人，在需要接触或接近导线工作时，应使用个人保安线（见图 10-15）。

图 10-15

（6）工作地段如有同杆塔架设线路，为防止停电检修线路上感应电压伤人，在需要接触或接近导线工作时，应使用个人保安线（见图 10-16）。

图 10-16

（7）个人保安线应在杆塔上接触或接近导线的作业开始前挂接（见图 10-17）。

图 10-17

（8）个人保安线应在作业结束脱离导线后拆除（见图 10-18）。

图 10-18

（9）装设时，应先接接地端，后接导线端，且接触良好，连接可靠（见图 10-19）。

图 10-19

（10）拆除个人保安线时应先拆除导线端，后拆除接地端（见图 10-20）。

图 10-20

（11）个人保安线由作业人员负责装、拆（见图 10-21）。

图 10-21

（12）在杆塔或横担接地通道良好的条件下，个人保安线接地端允许接在杆塔或横担上（见图10-22）。

图 10-22

第十一章

携带型短路接地线

第一节　携带型短路接地线检查卡

（1）携带型短路接地线由导线端线夹、绝缘操作杆、绝缘操作杆手柄、多股软铜线、接地端线夹、接地极等组成（见图 11-1）。

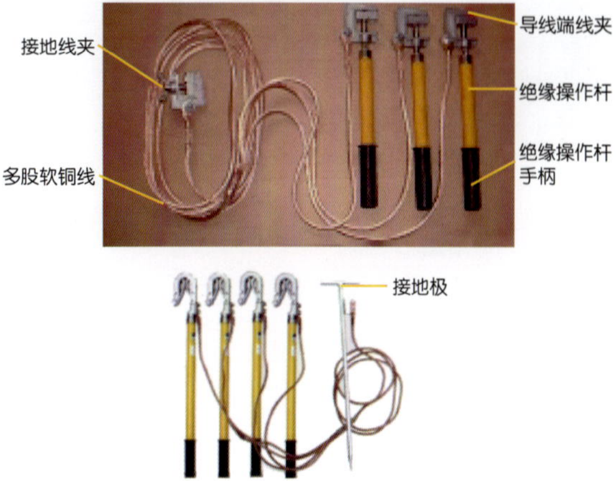

图 11-1

（2）接地线的厂家名称或商标、产品的型号或类别、接地线横截面积（mm^2）、生产年份及带电作业用（双三角）符号等标识清晰完整（见图 11-2）。

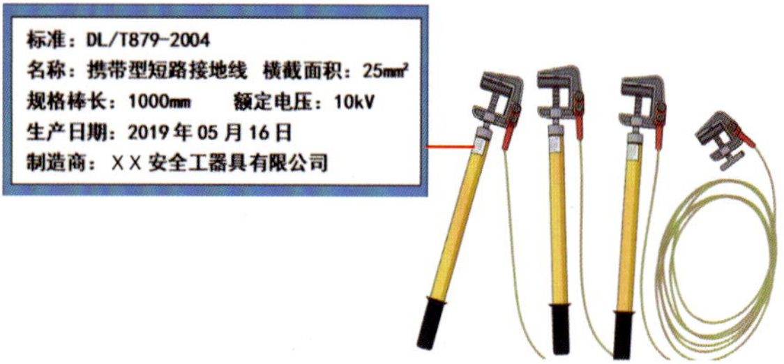

图 11-2

（3）接地线多股软铜线的横截面积不得小于 25mm^2（见图 11-3）。

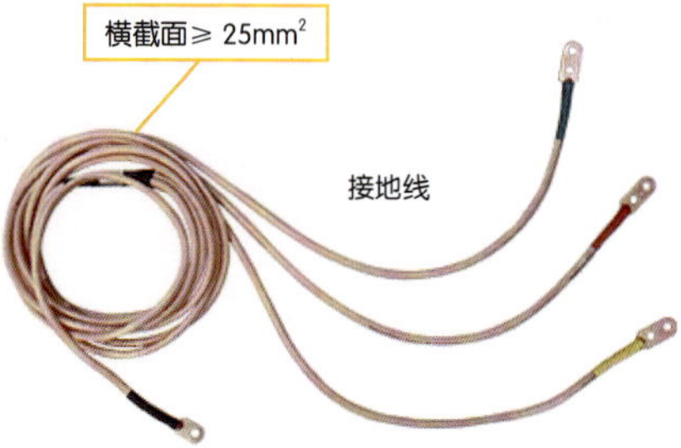

图 11-3

（4）携带型短路接地线的其他要求同个人保安接地线（见图 11-4）。

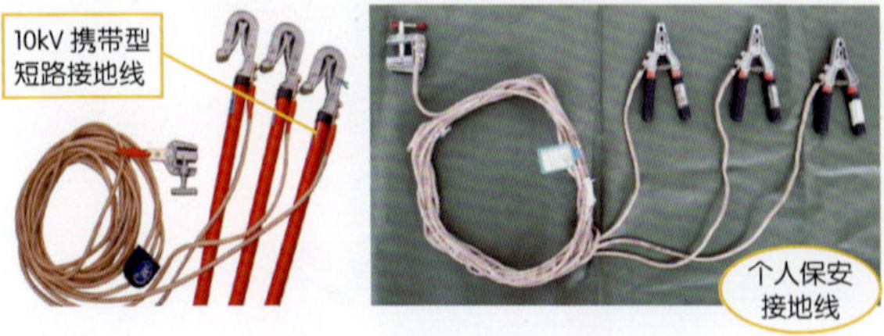

图 11-4

（5）接地操作杆的要求同绝缘杆（见图 11-5）。

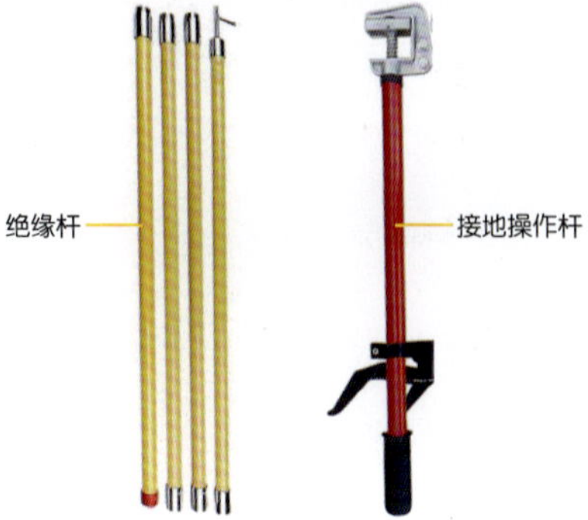

图 11-5

（6）线夹完整、无损坏（见图 11-6）。

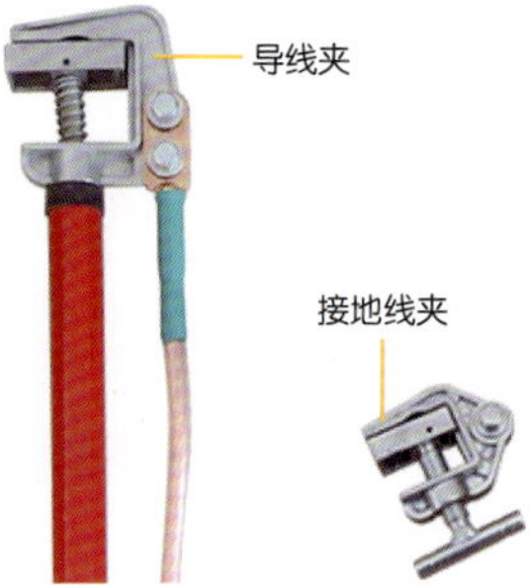

图 11-6

（7）线夹与操作杆连接牢固，有防止松动、滑动和转动的措施（见图 11-7）。

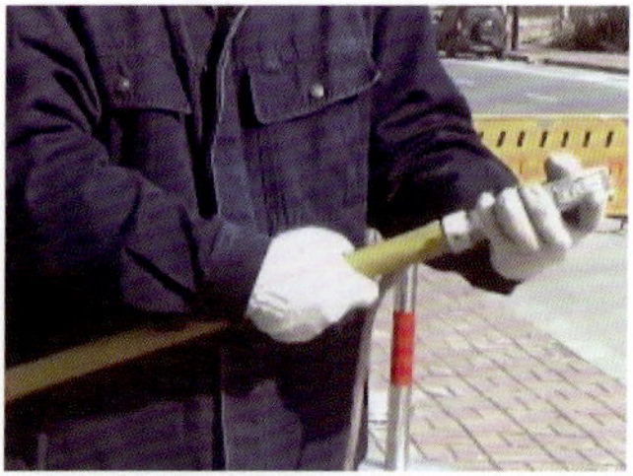

图 11-7

（8）线夹应操作方便，安装后应有自锁功能（见图 11-8）。

图 11-8

（9）线夹与电力设备及接地体的接触面无毛刺，紧固力应不致损坏设备导线或固定接地点（见图 11-9）。

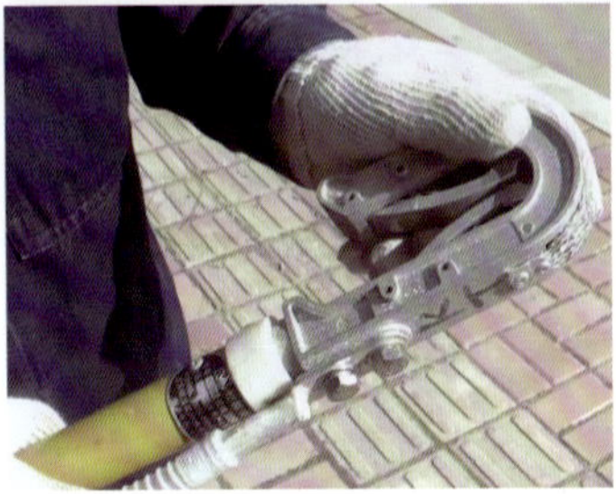

图 11-9

第二节　携带型短路接地线使用卡

（1）接地线的横截面应满足装设地点短路电流的要求，长度应满足工作现场需要（见图 11-10）。

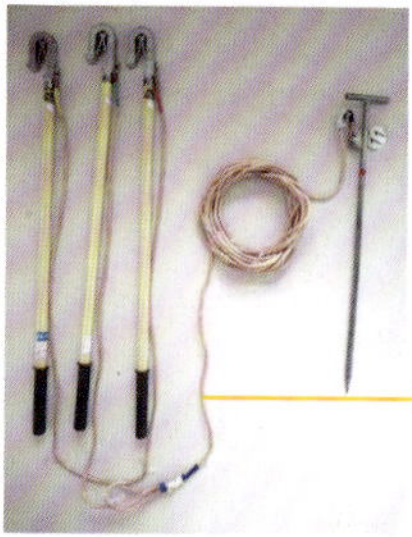

图 11-10

（2）经验明确无电压后，应立即装设接地线并三相短路（直流线路两极接地线分别直接接地）（见图 11-11）。

图 11-11

（3）利用铁塔接地时，允许每相分别接地（见图 11-12）。

图 11-12

（4）与杆塔接地装置电气上直接相连的横担接地时，允许每相分别接地（见图 11-13）。

图 11-13

（5）对于无接地引下线的杆塔接地时，可采用临时接地体（见图 11-14）。

图 11-14

（6）装设接地线时，应先接接地端（见图 11-15）。

图 11-15

（7）装设接地线时，应先接接地端，后接导线端，接地线应接触良好、连接可靠（见图 11-16）。

图 11-16

（8）拆除接地线时，应先拆除导线端（见图 11-17）。

图 11-17

（9）拆除接地线时，应先拆除导线端，后拆除接地端（见图 11-18）。

图 11-18

（10）装设拆除接地线时，人体不准碰触未接地的导线（见图 11-19）。

图 11-19

（11）装、拆接地线均应使用满足安全长度要求的绝缘棒或专用的绝缘绳（见图 11-20）。

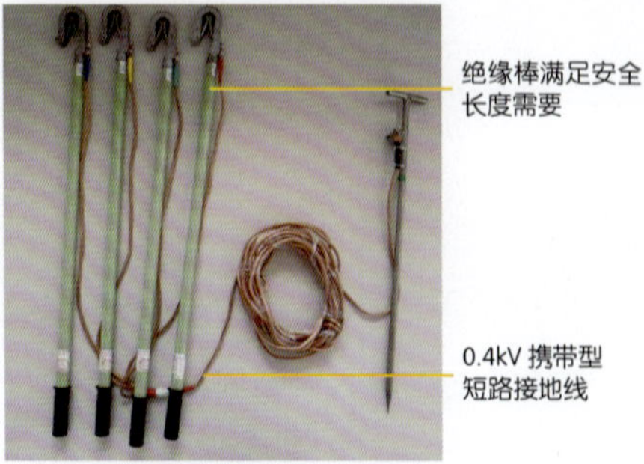

图 11-20

（12）禁止使用其他导线作接地线或短路线（见图 11-21）。

图 11-21

（13）禁止用缠绕的方法进行接地或短路（见图 11-22）。

图 11-22

（14）设备检修时模拟盘上所挂接地线的数量、位置和接地线编号，应与工作票、操作票所列内容一致，与现场所装设的接地线一致（见图 11-23）。

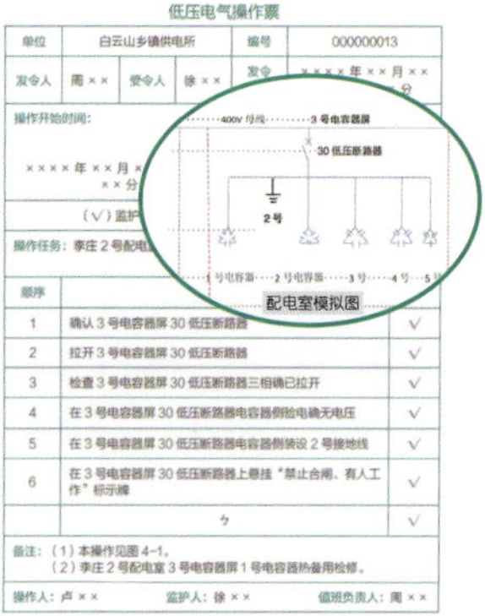

图 11-23

第十二章

绝缘杆

第一节　绝缘杆检查卡

（1）绝缘杆的型号规格、制造厂名、制造日期、电压等级及带电作业用（双三角）符号等标识清晰完整（见图 12-1）。

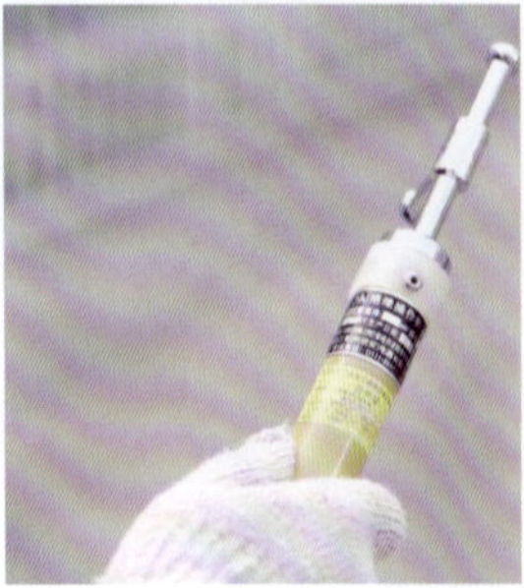

图 12-1

（2）绝缘杆的接头不管是固定式的还是拆卸式的，连接都应紧密牢固，无松动、锈蚀和断裂等现象（见图 12-2）。

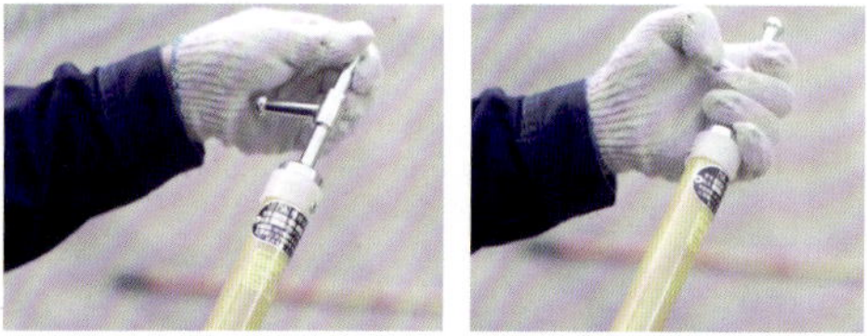

图 12-2

（3）绝缘杆应光滑，绝缘部分应无气泡、皱纹、裂纹、绝缘层脱落、严重的机械或电灼伤痕，玻璃纤维布与树脂间黏接完好不得开胶（见图 12-3）。

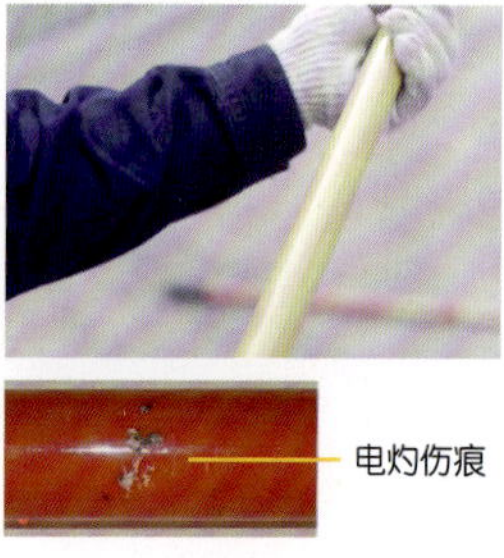

图 12-3

（4）手持部分的护套与操作杆连接紧密、无破损，不产生相对滑动或转动（见图 12-4）。

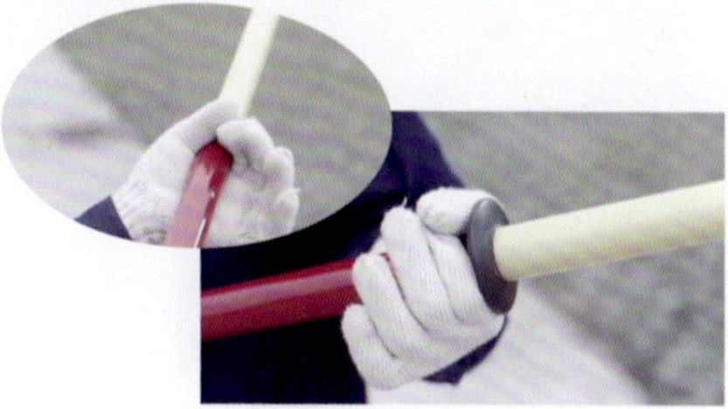

图 12-4

第二节 绝缘杆使用卡

（1）绝缘杆的规格必须符合被操作设备的电压等级，切不可任意取用（见图 12-5）。

图 12-5

（2）操作前，绝缘杆表面应用清洁的干布擦拭干净，使表面干燥、清洁（见图 12-6）。

图 12-6

（3）操作时，作业者应与带电设备保持足够的安全距离（见图 12-7）。

图 12-7

（4）操作者的手握部位不得越过护环，以保持有效的绝缘长度，并注意防止绝缘杆被人体或设备短接（见图 12-8）。

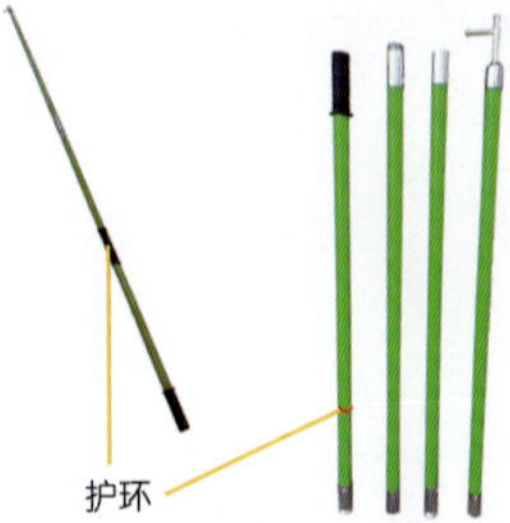

图 12-8

（5）为防止因受潮而产生较大的泄漏电流，危及操作人员的生命安全，在使用绝缘杆拉合隔离开关或经传动机构拉合隔离开关和断路器时，均应戴绝缘手套（见图 12-9）。

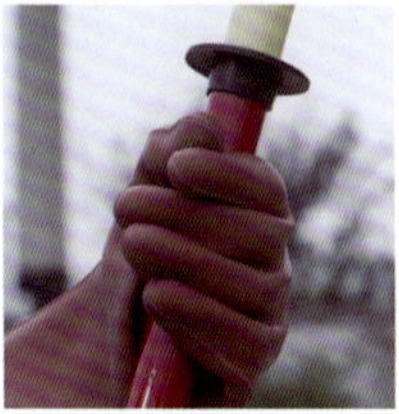

图 12-9

（6）雨天在户外操作电气设备时，绝缘杆的绝缘部分应有防雨罩，防雨罩的上口应与绝缘部分紧密结合，无渗漏现象，以便阻断流下的雨水，使其不致形成连续的水流柱而大大降低湿闪电压（见图12-10）。

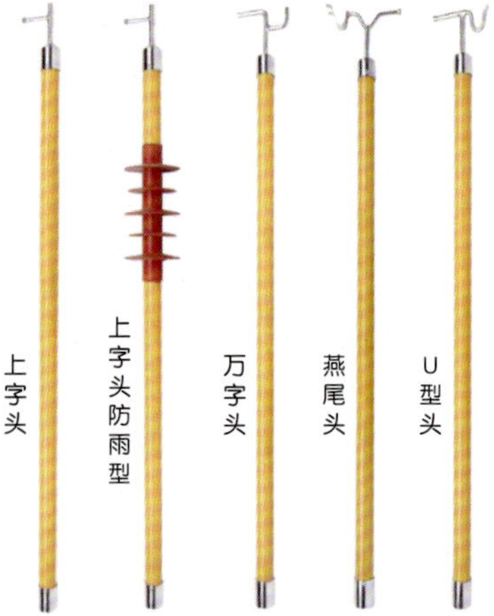

图 12-10

（7）雨天使用绝缘杆操作室外高压设备时，应穿绝缘靴（见图 12-11）。

图 12-11

第十三章

电容型验电器

第一节　电容型验电器检查卡

（1）电容型验电器的额定电压或额定电压范围、额定频率（或频率范围）、生产厂名和商标、出厂编号、生产年份、适用气候类型（C、N 或 W）、检验日期等标识清晰完整（见图 13-1）。

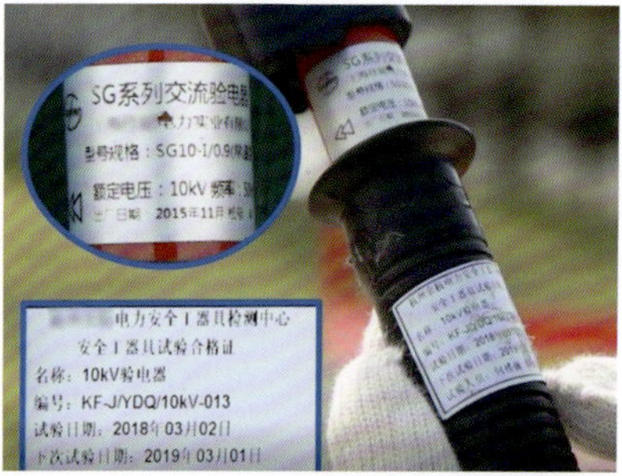

图 13-1

（2）检查带电作业用电容型验电器（双三角）符号等标识清晰完整（见图 13-2）。

图 13-2

（3）电容型验电器的各部件，包括手柄、护手环、绝缘元件、限度标记（在绝缘杆上标注的一种醒目标志，向使用者指明应防止标志以下部分插入带电设备中或接触带电体）、接触电极、指示器和绝缘杆等均应无明显损伤（见图 13-3）。

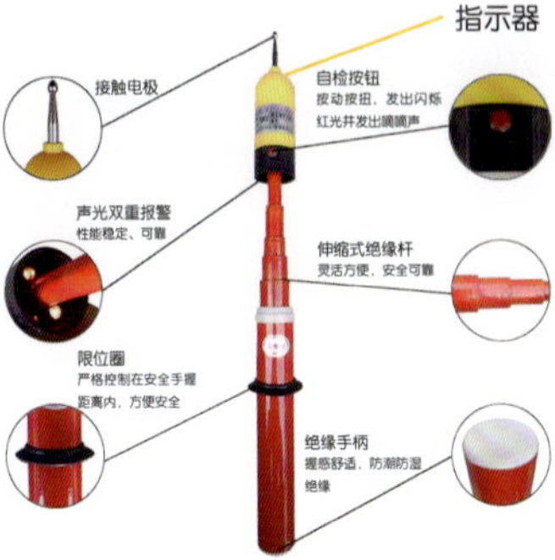

图 13-3

（4）绝缘杆应清洁、光滑，绝缘部分应无气泡、皱纹、裂纹、划痕、硬伤、绝缘层脱落、严重的机械或电灼伤痕（见图 13-4）。

图 13-4

（5）伸缩型绝缘杆各节配合合理，拉伸后不应自动回缩（见图 13-5）。

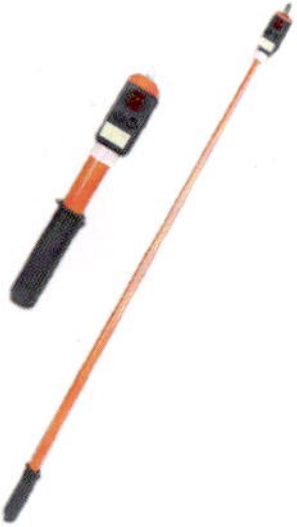

图 13-5

（6）指示器应密封完好，表面应光滑、平整（见图 13-6）。

图 13-6

（7）手柄与绝缘杆、绝缘杆与指示器的连接应紧密牢固（见图 13-7）。

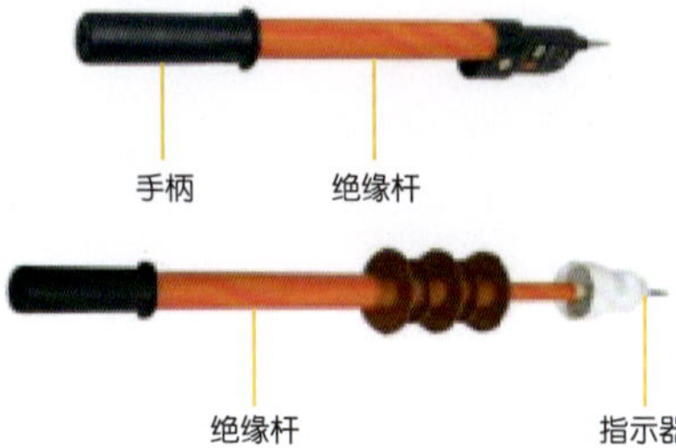

图 13-7

（8）自检三次，指示器均应有视觉和听觉信号出现（见图 13-8）。

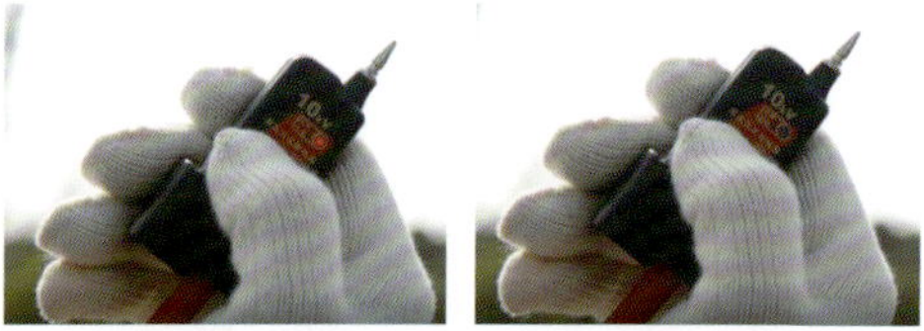

按下时有声光信号　　松开时无声光信号

图 13-8

第二节　电容型验电器使用卡

（1）电容型验电器的规格必须符合被操作设备的电压等级，使用电容型验电器时，应轻拿轻放（见图 13-9）。

图 13-9

（2）操作前，电容型验电器杆表面应用清洁的干布擦拭干净，使表面干燥、清洁（见图 13-10）。

图 13-10

（3）操作前，电容型验电器应在有电设备上进行试验，确认验电器良好（见图 13-11）。

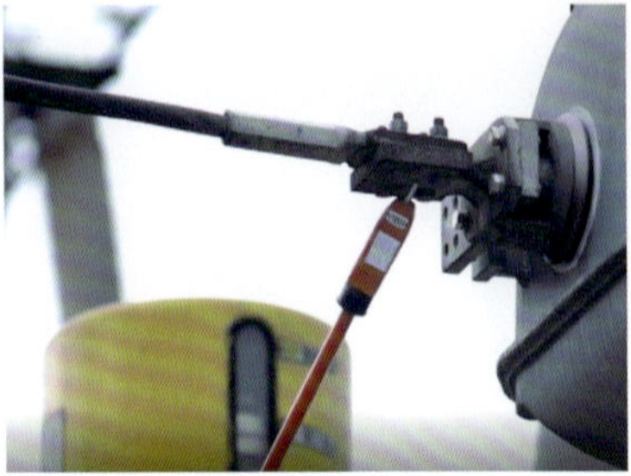

图 13-11

（4）无法在有电设备上进行试验时可用高压发生器等确证电容型验电器良好（见图 13-12）。

图 13-12

（5）如果在木杆、木梯或木架上验电，不接地不能指示者，经运行值班负责人或工作负责人同意后，可在电容型验电器绝缘杆尾部接上接地线（见图 13-13）。

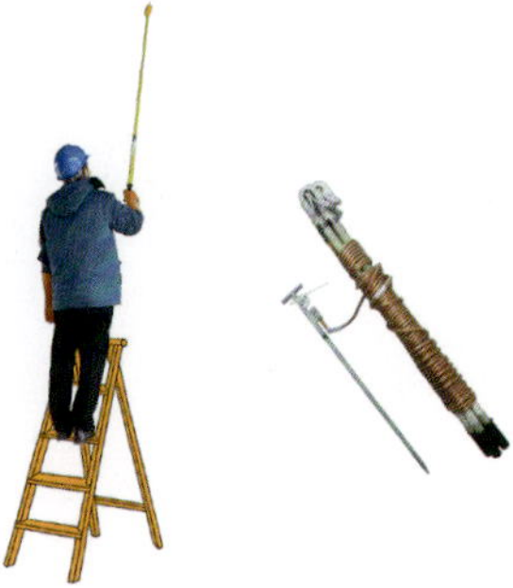

图 13-13

（6）验电操作时，应戴绝缘手套（见图 13-14）。

图 13-14

（7）验电操作时，应穿绝缘靴（见图 13-15）。

图 13-15

（8）使用抽拉式电容型验电器验电时，绝缘杆应完全拉开（见图 13–16）。

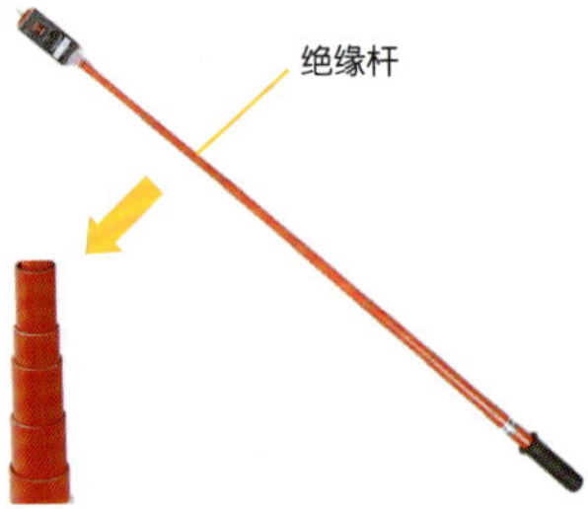

图 13–16

（9）验电时，作业者应与带电设备保持足够的安全距离（见图 13–17）。

图 13–17

（10）验电时，三相设备或三相四线设备应每相分别验电（见图 13-18）。

图 13-18

（11）验电时操作者的手握部位不得越过护环，以保持有效的绝缘长度（见图 13-19）。

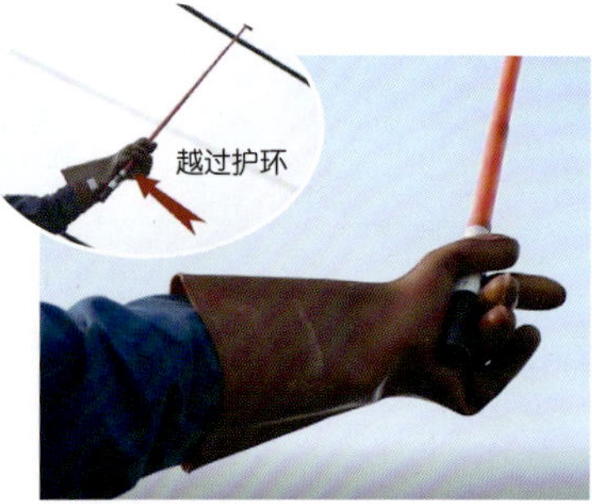

图 13-19

（12）非雨雪型电容型验电器不得在雷、雨、雪等恶劣天气时使用（见图 13-20）。

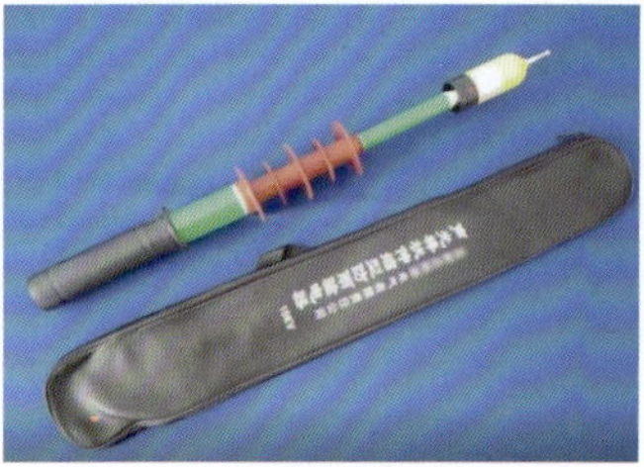

图 13-20

（13）使用电容型验电器操作前，应自检一次，声光报警信号应无异常（见图 13-21）。

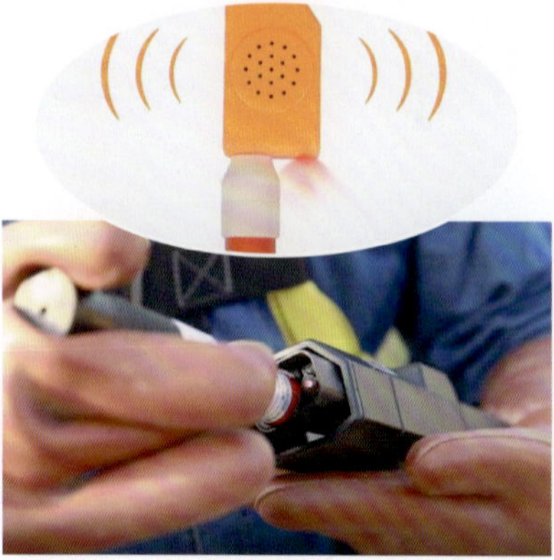

图 13-21